110kV及以上交联电缆中间接头安装

工艺图册

本书编委会 编

中国电力出版社
CHINA ELECTRIC POWER PRESS

图书在版编目（CIP）数据

110kV及以上交联电缆中间接头安装工艺图册/《110kV及以上交联电缆中间接头安装工艺图册》编委会编. —北京：中国电力出版社，2016.5
ISBN 978-7-5123-8941-0

Ⅰ.①1… Ⅱ.①1… Ⅲ.①交联－电力缆线－接头－安装－图集 Ⅳ.①TM757-64

中国版本图书馆CIP数据核字（2016）第035013号

中国电力出版社出版、发行　　北京盛通印刷股份有限公司印刷　　各地新华书店经售
（北京市东城区北京站西街19号 100005 http://www.cepp.sgcc.com.cn）
2016年5月第一版　　2016年5月北京第一次印刷　　印数0001—3000册
787毫米×1092毫米　32开本　1.875印张　34千字　　定价21.00元（含1DVD）

内 容 提 要

本图册采用图文并茂的方式介绍了110kV及以上交联电缆中间接头安装的施工工艺流程和操作要求及质量控制措施作了介绍，并说明了操作所需的工器具等材料的使用方法。

110kV及以上交联电缆中间接头安装包含准备工作、电缆外护套及金属护套处理、电缆加热校直、电缆绝缘预处理、电缆外屏蔽断口处理、橡胶预制件扩径、橡胶预制件安装、铜壳安装和扫尾工作九大步骤。

通过扫描本图册嵌入的二维码，就可以观看相应的视频，并附有操作配套演示光盘，与文字部分一一对应。

本图册可作为110kV及以上交联电缆施工操作人员的培训用书，也可以作为从事110kV及以上交联电缆相关工作人员的学习用书。

序

这是一套由浙江省劳模叶蕓为代表的电缆施工一线员工自己编写的书，也是一套写给电缆施工一线员工看的书。

推广电力电缆操作流程、工艺标准和技术要领，是以标准化提升电网建设水平的重要手段，也是持续推进技术革新、提高电网安全水平的有效抓手。国网浙江省电力公司委托国网宁波供电公司，充分结合实际，组织全国示范性劳模创新工作室——叶蕓劳模工作室的成员，不断提炼、总结，历时两年，编制完成了这套丛书，共分四册，分别是《110kV及以上交联电缆施工工艺图册》《110kV及以上交联电缆中间接头安装工艺图册》《110kV及以上交联电缆终端安装工艺图册》《10kV三芯交联电缆施工工艺图册》。

本套书主要体现以下特点：

一是源于现场，服务于现场。通篇均由长期从事电力电缆一线工作的员工凭借自己的经验汇编而成，同时作为叶薨劳模工作室的管理创新成果之一用于指导现场培训。

二是与时俱进，编写方式丰富。除了用图文方式介绍电力电缆的操作流程、工艺标准和注意事项，同时也录制了相关教学视频，言传身教，简明易学。此外，本套书利用多媒体信息化技术，通过二维码扫描，实现图文、视频教程的线下学习。

三是注重实效，学以致用。新员工通过本套书的学习，只要领会要领，就可基本掌握电缆施工工艺。老员工也可由此温故而知新，触类旁通，取得新进步。

最后，向这套书的出版表示诚挚的祝贺，向付出辛勤劳动的编写人员表示衷心的感谢。

2016年5月

前　言

随着我国城市现代化的发展，目前110、220kV变电站作为中心供电主要构成部分进入市区中心，从而使110、220kV交联电缆大量在输电线路上应用。由于电缆附件安装工作的特殊性主要体现在其隐蔽性强，完成后缺陷不易发现，并且事故抢修的成本高，周期长，这就需要依靠具有高技术水平的电缆工作人员来进行施工、维护。目前电缆工培训工作主要以实训为主，由于电缆附件价格较高，从而增加了培训成本，使得培训工作无法长期开展，本教材作为电缆附件安装培训工作的另一形式，给予补充。

本教材将110kV及以上交联电缆中间接头安装过程制作成教学视频及图册，将安装过程流程化，并将安装工艺要求体现其中，让学员通过自学对电缆附件安装工作有深入的了解，掌握安装流程、工艺要求并结合日常基本功训练，从而提高学员的技术水平，达到既控制培训成本又提高培训效果的目的。

本教材在编写过程中得到了国网宁波供电公司培训分中心、国网浙江省电力公司宁波供电公司运维检修部大力支持，为本教材提供内容指导、审核把控等方面的大力帮助，在此一并表示衷心感谢。

由于编者水平有限，书中难免存在错误和疏漏之处，敬请广大读者批评指正。

编　者

2016年5月

目　录

一、施工工艺流程

适用范围：

该施工工艺适用于110kV及以上交联电缆预制式中间接头安装。

这里以住友110kV交联电缆冷缩型接头为例，其安装工艺流程图如下。

准备工作 ⇩ 电缆外护套及金属护套处理 ⇦ 电缆加热校直 ⇦ 电缆绝缘预处理 ⇦ 电缆外屏蔽断口处理 ⇦ 橡胶预制件扩径 ⇦ 橡胶预制件安装 ⇩ 铜壳安装 ⇨ 扫尾工作

二、操作要求及质量控制要点

（一）准备工作

1. 安装前应具备的条件

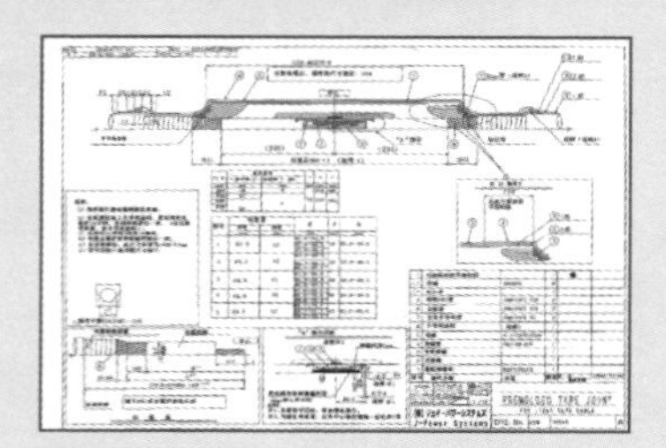

◎ 图纸

◎ 电缆接头安装质量检查表

（1）电缆主绝缘、外护套经测试合格，并做好记录。

（2）电缆核相正确。

（3）接头安装棚搭设完成。

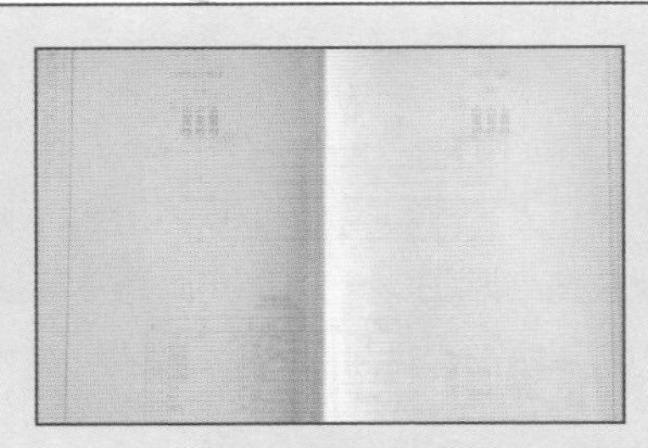

（4）核对线路接线图，确定接头形式和接地方式。

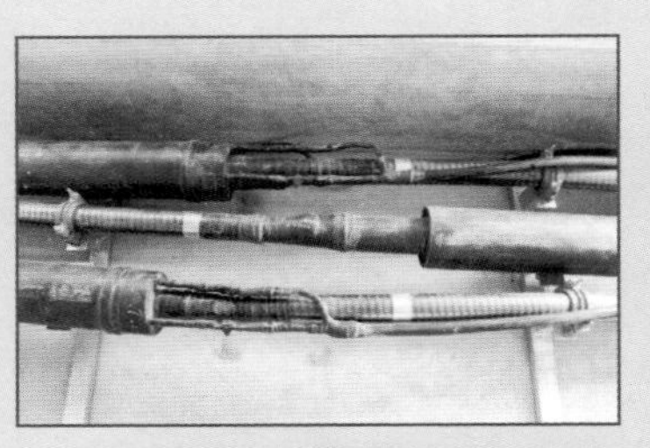

（5）确定中间接头摆放方式，即中间接头的中心点。

（6）编写作业指导书和施工方案，并对安装人员进行技术和安全交底，安装人员需经过培训并掌握安装工艺要求。

（7）检查核对接头各部件的数量、规格是否与安装要求相符。

2. 安装棚搭设要求

（1）安装棚应搭设牢固，并做好防风措施。

（2）安装场地应用防雨布和防尘材料妥善封闭起来，一般采用双层防雨布覆盖，起到防雨、隔热的效果。

（3）棚内底部应用木板架空，架空高度为200mm，并用防雨布隔开，防止井底积水影响安装质量。

（4）在安装时，安装现场保持防尘、防潮、防污秽，还需配备足够的照明和空调。

3. 安装现场环境控制

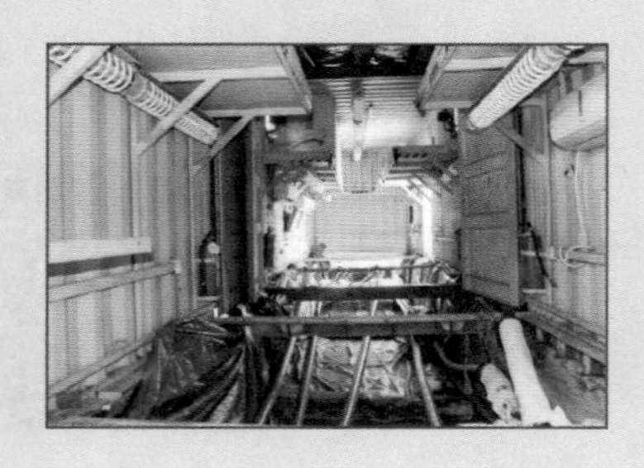

（1）灰尘。

（2）潮气、水滴。

（3）相对湿度小于70%。

（4）安装温度5～30℃。

（5）橡胶件储存温度0～35℃。

4. 安全注意事项

（1）安装前应确认该电缆无电压、并已充分放电、接地。

（2）安装现场应做好防火、防水措施。

（3）电动工具使用前，进行外观检查和绝缘电阻测试，合格后方可使用。

（4）发电机等电动机具外壳应接地可靠。

（5）煤气喷枪在使用时，火源附近不得有易燃物，并与气瓶保持5m以上距离，喷枪口不准对人，煤气喷枪连接可靠、无漏气。

（6）搬运大件物件时，防止人员挤压伤。

（7）使用刀具、电动锯时应防止人员受伤。

5. 主要工器具和材料

◎ 电动锯

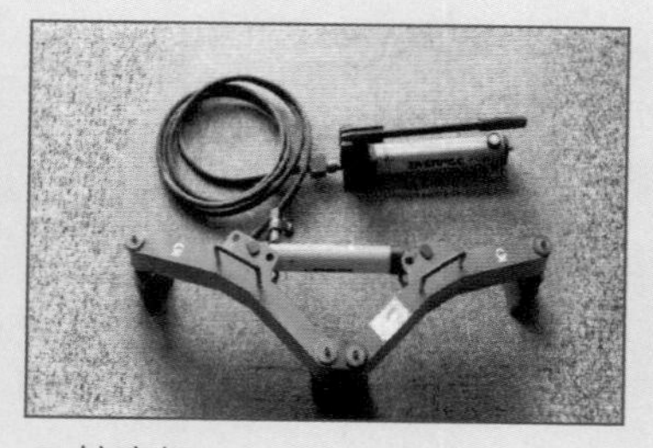

◎ 校直机

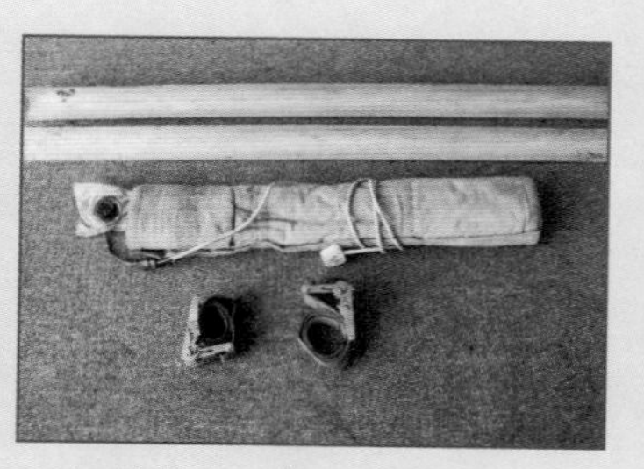

◎ 加热校直设备

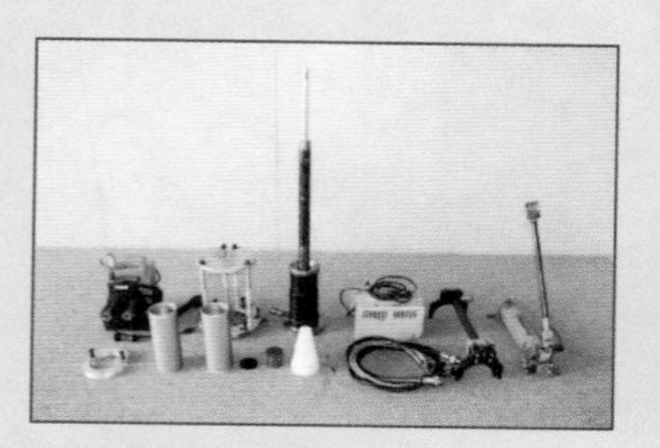

◎ 扩径及拔出设备

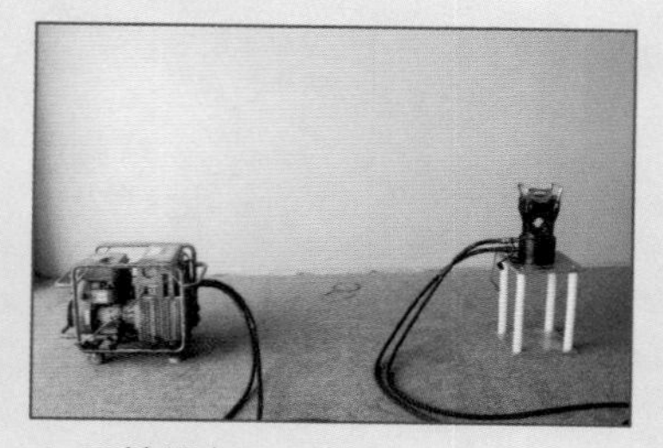

◎ 压接设备

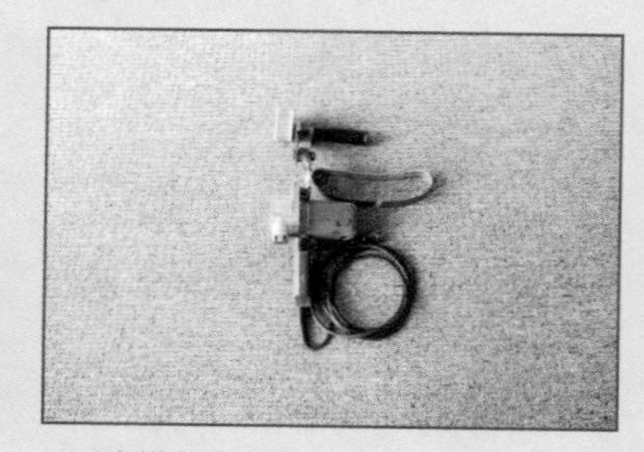

◎ 砂带机

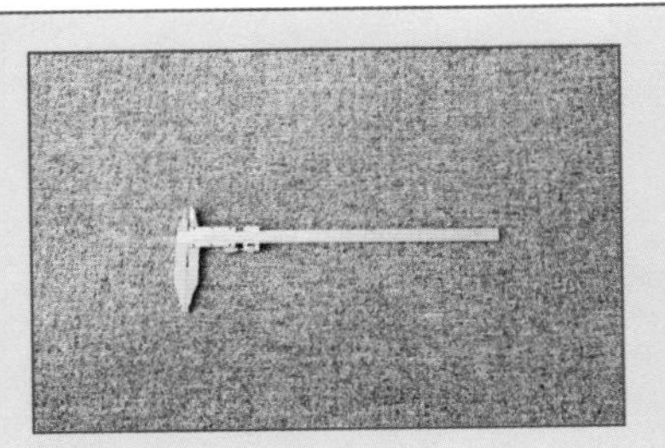

◎ 量具

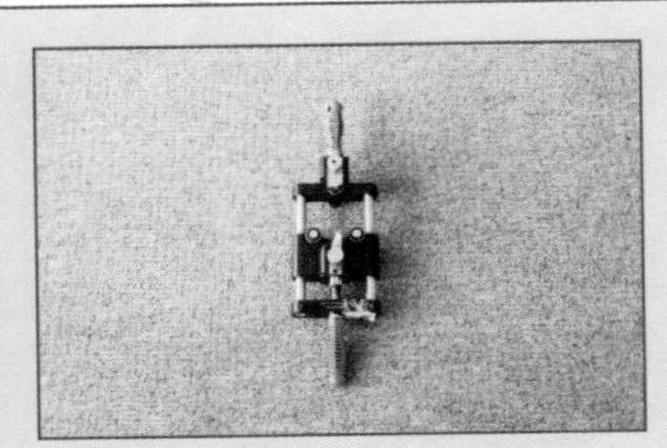

◎ 绝缘剥削器

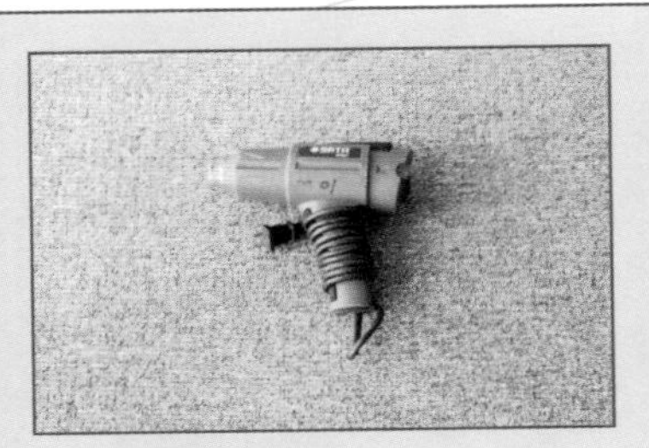

◎ 热风枪

6. 主要部件

◎ 橡胶件

◎ 铜壳

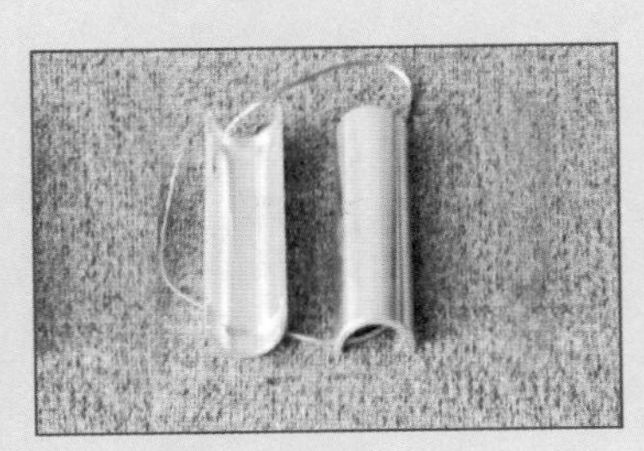

◎ 屏蔽罩

◎ 连接管

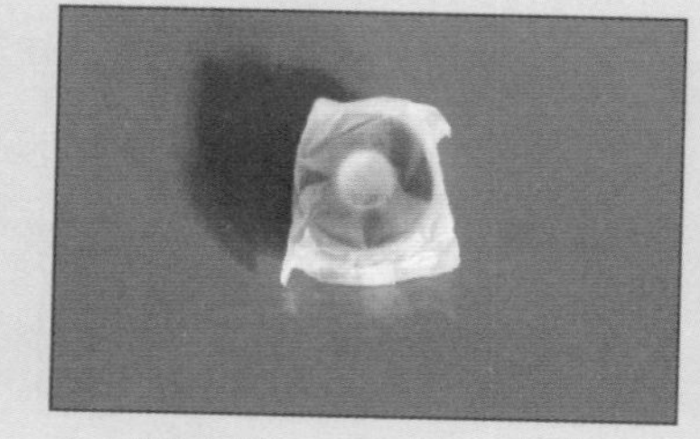

◎ 半导电带

◎ 绝缘胶带

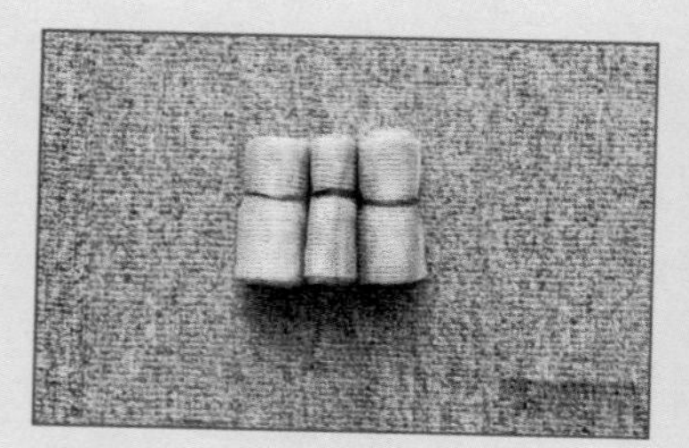

◎ 铜网

◎ 半导电涂料

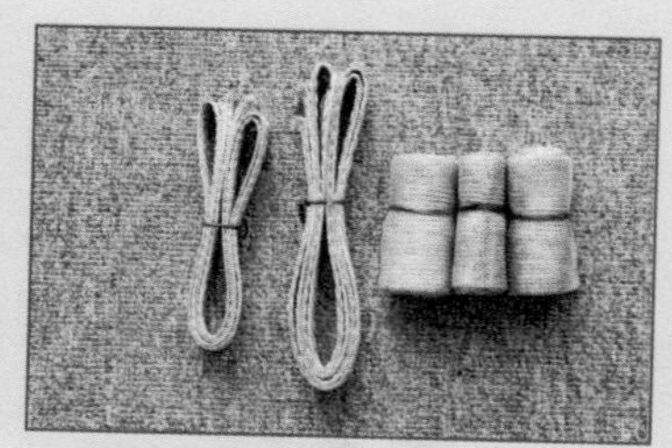

◎ 铜编织线

◎ 热缩管

7. 辅助材料

◎ 清洁剂

◎ 清洁纸

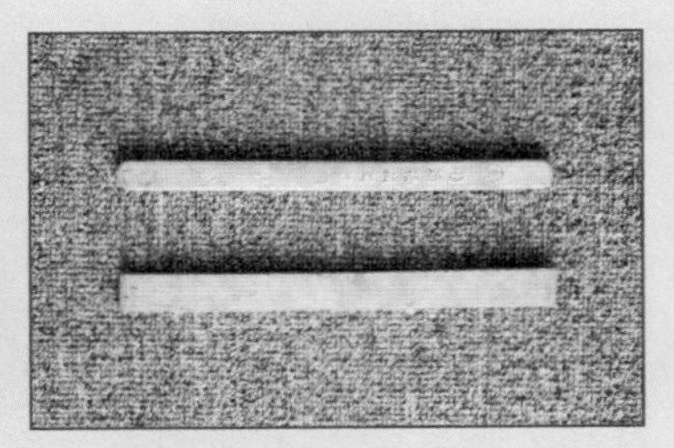

◎ 铅焊条

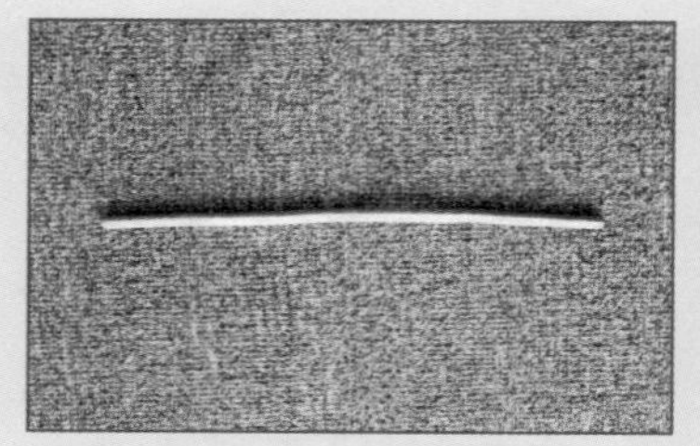

◎ 铝焊条

◎ 硬脂酸

（二）电缆外护套及金属护套处理

1. 中间接头定位

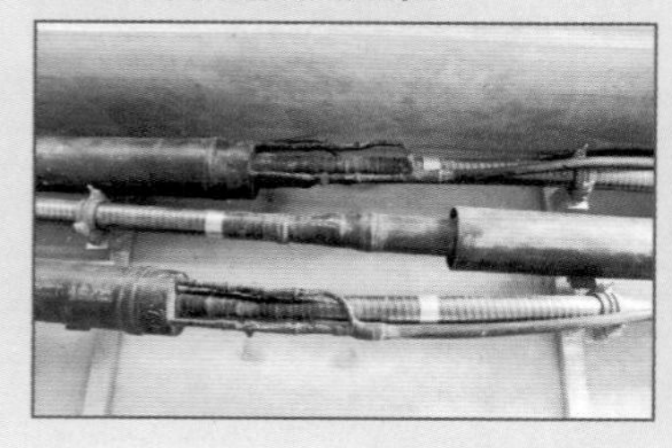

◎ 根据中间接头在接头井内的摆放位置确定接头中心线。

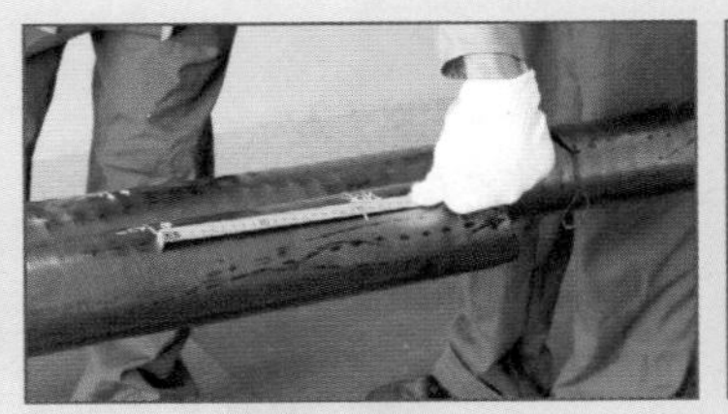

◎ 接头两侧电缆以中心线为准各预留200mm，并切除多余电缆。

注意事项：

三相电缆中间接头水平排列时，应相互错开不小于500mm。

2. 去除电缆外护套及铝护套清理

◎ 用棉纱将电缆外护套表面擦拭干净。

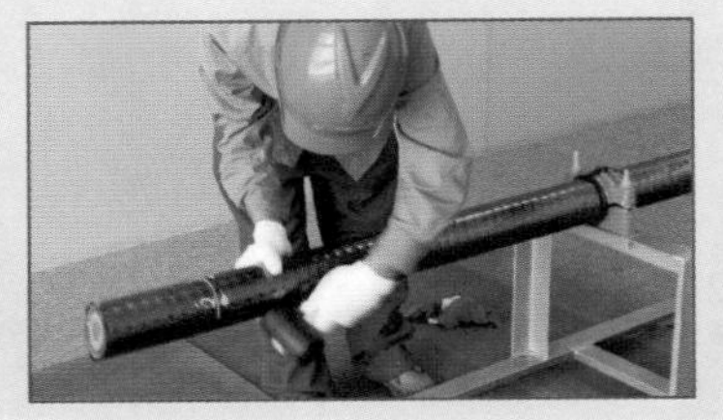

◎ 检查电缆外护套外观，并修整电缆变形处，控制电缆外观变形在允许的范围内。

◎ 以电缆中心线为基准量取外护套的环切点。

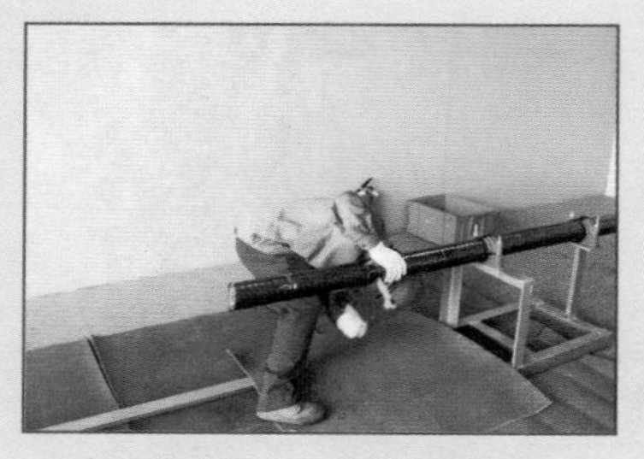

◎ 在环切外护套的过程中不可伤及铝护套。

◎ 去除外护套后，用喷枪烤化铝护套表面沥青，并用棉线和清洁剂擦拭干净。

注意事项： 在烤化铝护套沥青时控制好温度，防止温度过高使电缆绝缘受损。

3. 铝护套接地焊接位置打底铅

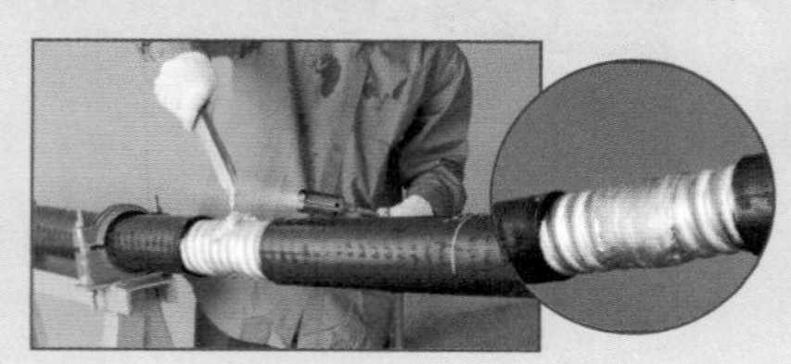

◎ 要求铅料的铝护套黏合良好，并且控制好操作时间及温度；

◎ 操作时间不超过15min，监测温度不超过120℃；

◎ 具体操作要求可参照《110kV及以上交联电缆施工工艺图册》中的接地焊接工艺。

4. 去除电缆铝护套

◎ 以电缆中心线为基准，量取铝护套环切点。

注意事项：

（1）在环切电缆外护套和铝护套时，注意环切深度，不可伤及里层材料，铝护套环切深度为铝护套厚度的2/3。

（2）铝护套与电缆绝缘本体之间间隔小，铝护套去除困难时，可采用链条扳手顺着阻水带缠紧的方向转动并向外拔出。

（3）转动铝护套前应将两侧铝护套断口扩开，防止转动时伤到绝缘层。

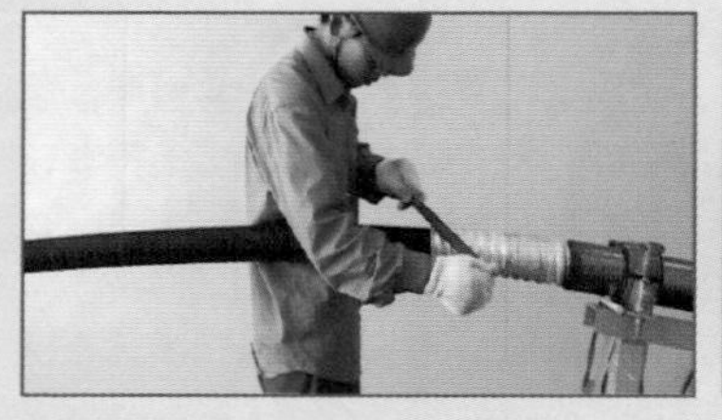

◎ 铝护套断口扳开后用锉刀去除尖角，并用PVC带保护。

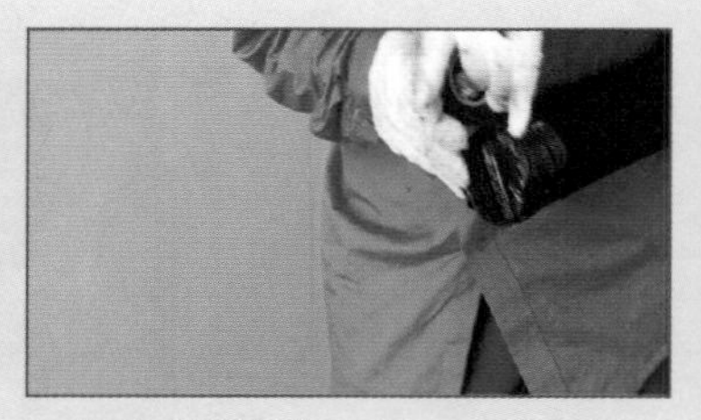

◎ 将电缆线芯断面用PVC带密封，防止线芯进潮。

（三）电缆加热校直

◎ 用电缆加热毯包裹电缆绝缘本体，并调节控温器至规定温度。

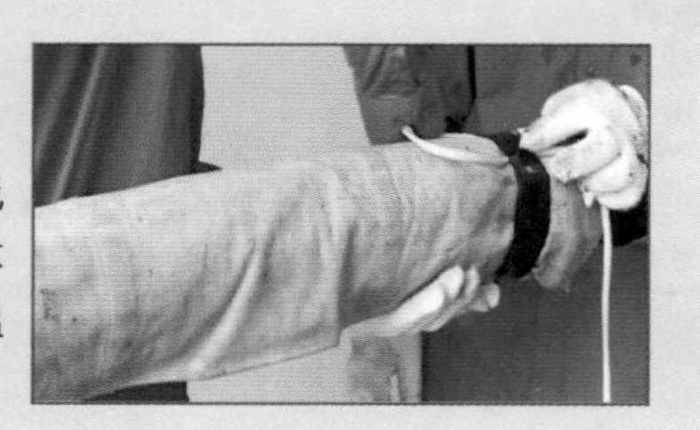

◎ 使电缆绝缘本体外表温度达到80℃，保持温度4h后，用夹板固定冷却12h。

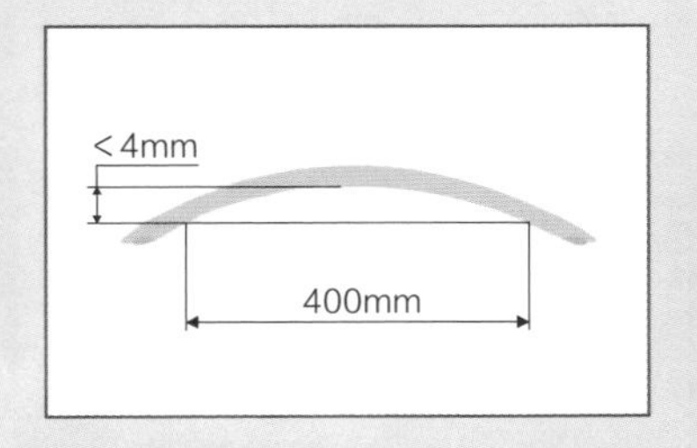

注意事项：

（1）校直后电缆最大弯曲度：电缆每400mm长，最大弯曲度偏移应小于4mm。

（2）电缆在固定冷却的过程中应做好防潮措施。

（3）电缆加热校直不仅可以达到电缆绝缘本体校直的目的，而且可以消除电缆绝缘内部的应力，以减少电缆在后期运行中绝缘回缩。

（四）电缆绝缘预处理

1. 去除内衬层

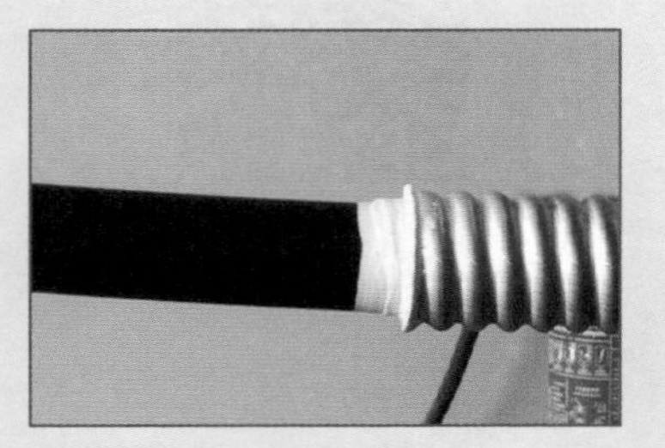

◎ 在去除内衬层时应将断口用PVC带扎紧，防止散开。

2. 量取电缆绝缘本体长度并切除预留部分电缆

◎ 以铝护套断口为基准量取电缆绝缘本体的长度，并复测电缆的预留部分长度。

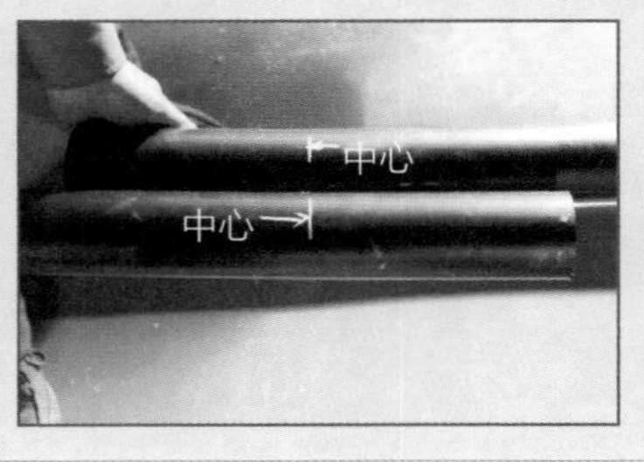

注意事项：

（1）切断前将同相对接电缆进行中心对比，无异常方可进行切除工作。

（2）电缆切口要求平直。

3. 用绝缘剥削器剥出电缆线芯

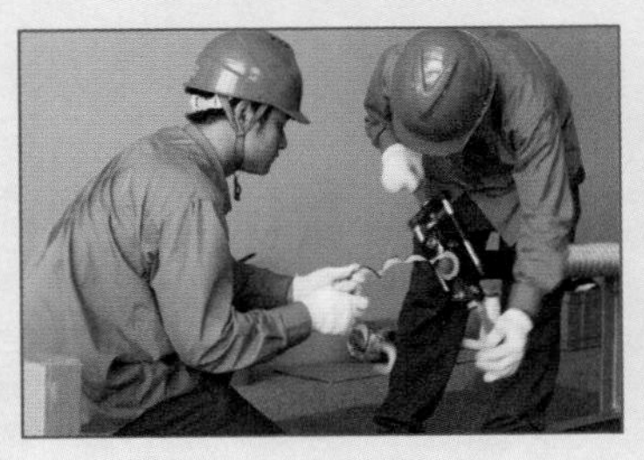

注意事项：

（1）使用绝缘剥削器时，刀片与电缆铜芯之间留1mm厚的绝缘层，防止在操作过程中伤到刀片与铜丝。

（2）这里使用的绝缘剥削器，其直角刀片用于电缆绝缘层剥削，圆弧刀片用于电缆外屏蔽剥削。

4. 电缆外屏蔽层剥离

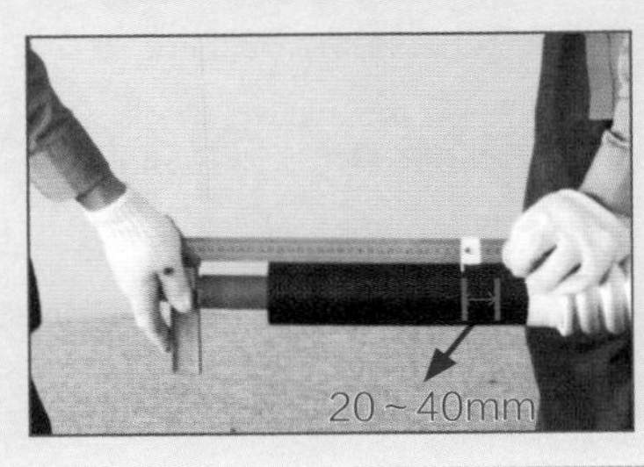

◎ 量取电缆外屏蔽断口尺寸，外屏蔽层的过渡坡长为20～40mm。

提示：

采用直角尺为测量工具，可避免因电缆断口不平直所引起的测量误差，直角尺使用前应根据要求做测量标记。

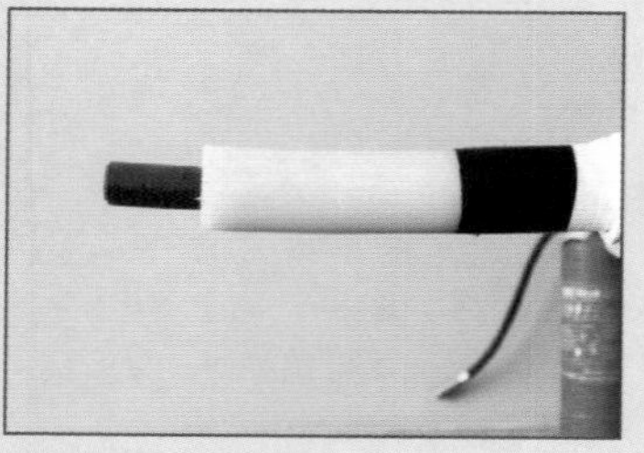

◎ 用绝缘剥削器剥离外屏蔽层时，应控制好电缆绝缘外径。

注意事项：

（1）外屏蔽层剥离后，断口尺寸误差在允许的范围内，并且断口整齐，绝缘层与外屏蔽层过渡平滑，无凹坑。

（2）操作过程中要严格控制电缆绝缘层外径尺寸。

（3）剥削工具使用前需要事先培训，如果使用不仔细很容易损坏电缆绝缘层，对于工具使用不熟练者则用2mm玻璃片手工剥离。

（4）残留的电缆外屏蔽层及过渡部位必须手工处理。

5. 电缆绝缘打磨处理

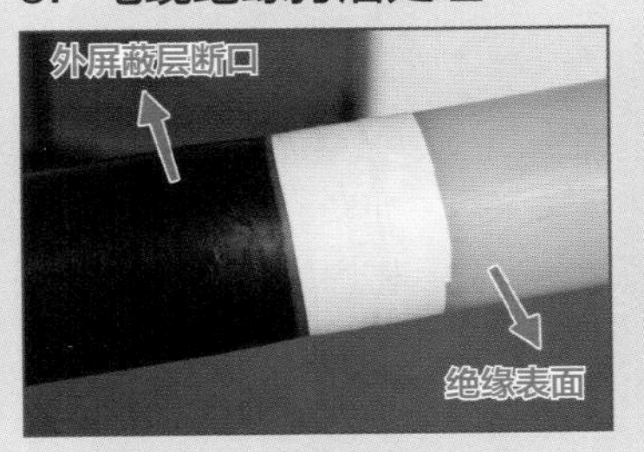

（1）电缆外屏蔽层断口打磨。

1）打磨外屏蔽层断口前，绝缘表面应用PVC带保护，防止半导电粒子吸附到绝缘表面上。

◎ 打磨的顺序：先打磨外屏蔽层断口，再打磨绝缘表面。

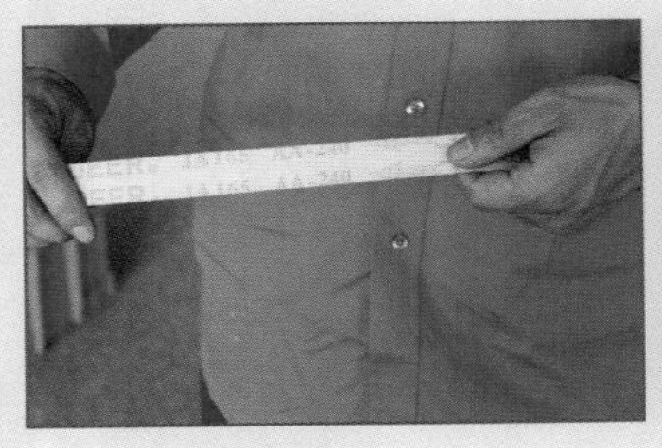

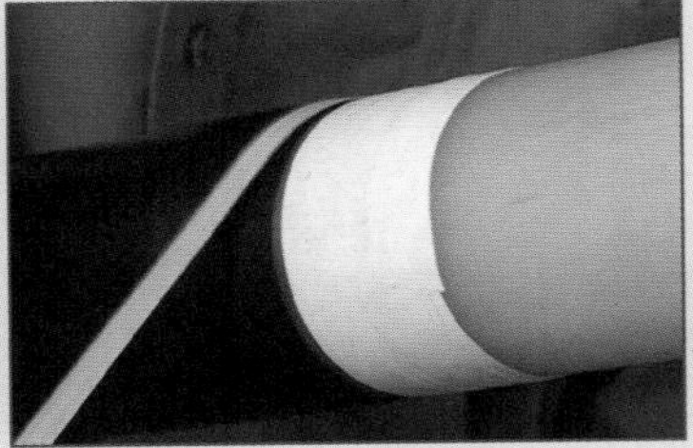

2）先用240号砂带先期打磨至绝缘层和外屏蔽层平滑过渡，打磨过程中应随时检查断口过渡平滑状态，直至剥离痕迹完全消失。

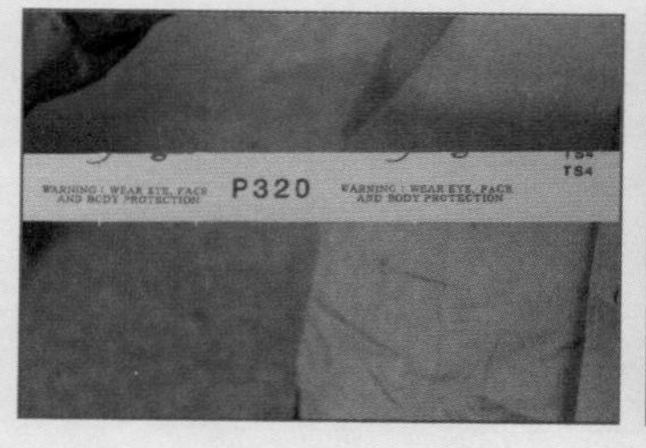

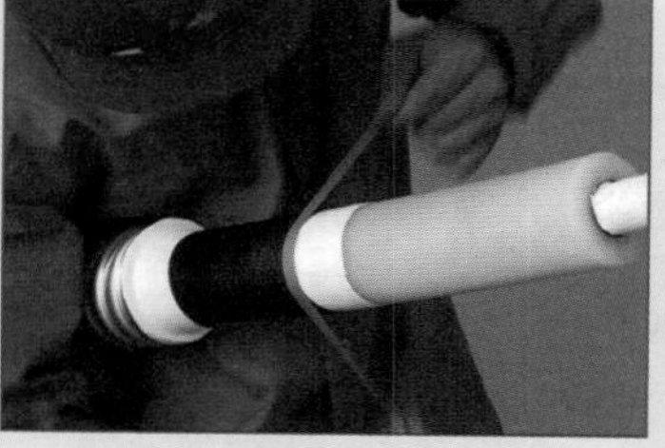

3）再用320号砂带或更高标号的砂带抛光打磨，直至先期打磨的砂带痕迹完全消失，绝缘屏蔽断口过渡平滑、无凹坑。

（2）电缆绝缘表面打磨。

1）绝缘表面打磨前应用清洁剂将绝缘表面屏蔽材料颗粒擦拭干净。

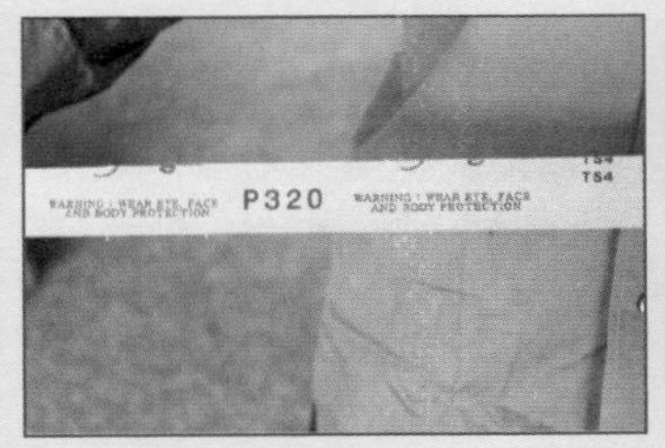

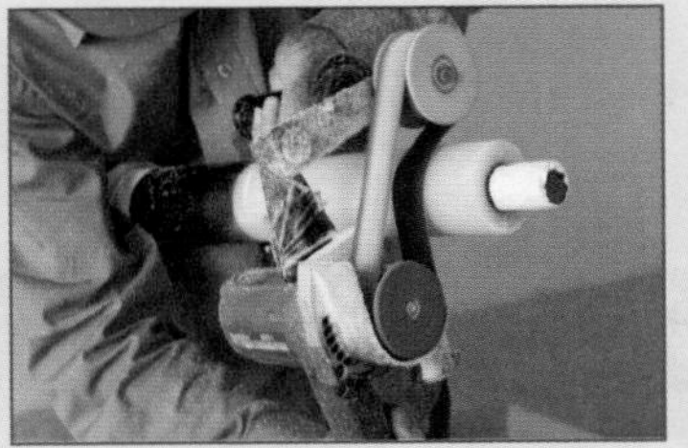

2）先用320号砂带采用砂带机进行前期打磨；打磨时先可采用较高转速至绝缘表面剥离痕迹完全消失。

3）然后调低砂带机转速，采用低速抛光打磨，直至先期打磨的砂带痕迹消失。

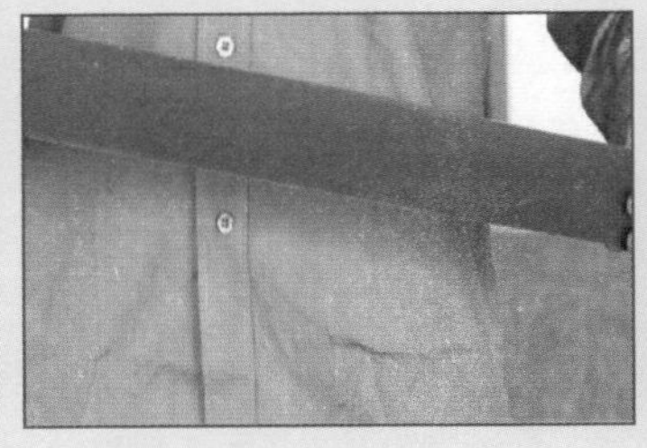

4）最后用400号或更高标号砂带手工精细打磨，至绝缘表面先期打磨的砂带痕迹完全消失，表面超光滑。

注意事项：

（1）打磨过绝缘屏蔽的砂带不能再使用。

（2）不能只打磨一边，应多方向均匀打磨，使绝缘成圆形。

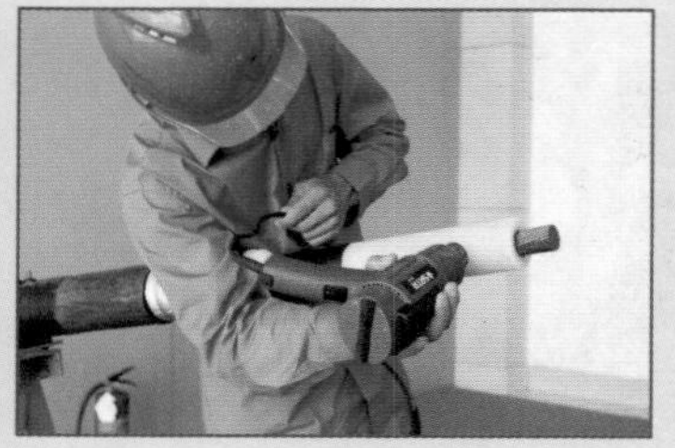

注意事项：

注意清洁方向，避免半导电粉尘附在绝缘上。

◎ 用清洁剂清洁绝缘表面，并用热风枪吹干。

6. 绝缘表面检查

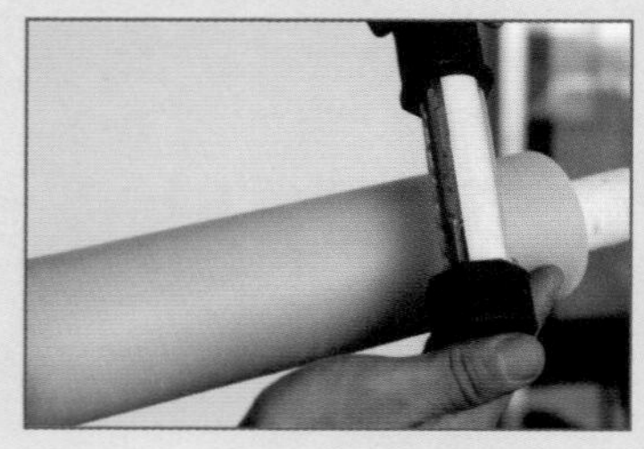

◎ 检查绝缘表面有无缺陷，任何缺陷都应做记录。

注意事项：

（1）完成电缆绝缘处理后，电缆绝缘表面无杂质，光滑程度满足安装要求，轴向平滑过渡，并且要求没有凸起、梯状和凹陷。

（2）电缆外屏蔽断口要求齐整，边缘无突刺，尺寸误差应满足图纸要求，建议控制在±2mm以内。

7. 绝缘外径测量记录

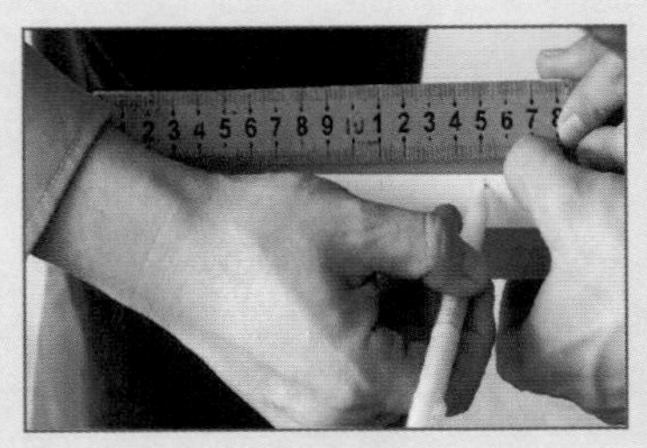

◎ 首先从电缆外屏蔽断口开始每隔40～50mm做上标记。

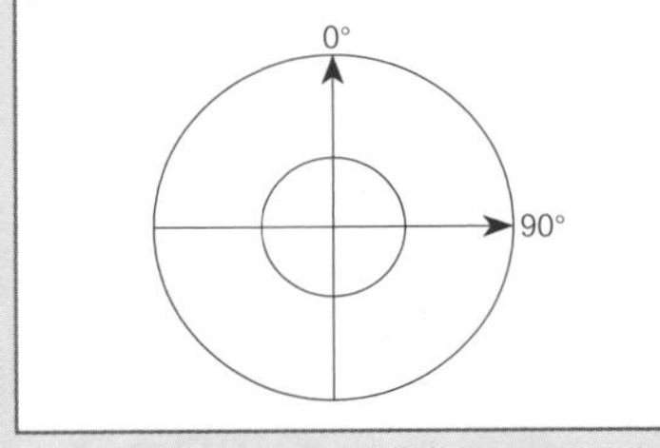

◎ 再用卡尺分别在每个标记处做水平和垂直方向测量，并做好记录。

注意事项：

（1）打磨后的绝缘层的外径应在安装要求范围内。

（2）两个方向上外径差值，如工艺书未标明，建议控制在不大于0.5mm范围内。

（3）卡尺测量电缆绝缘层外径后，应检查绝缘表面有无卡尺留下的凹坑，如有应进行表面打磨抛光处理。

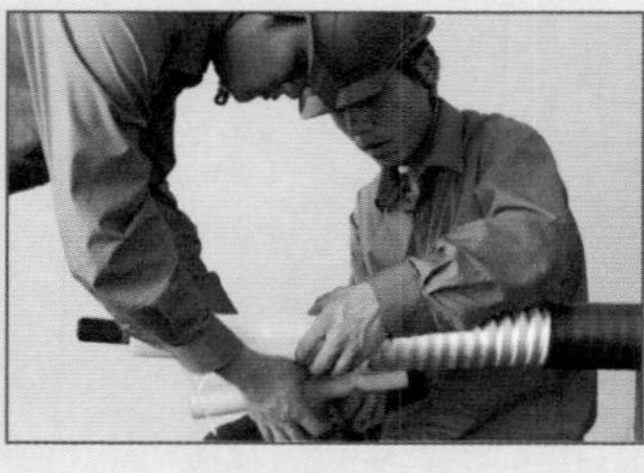

◎ 用清洁纸清洁并干燥电缆绝缘层，清洁后用保鲜膜将电缆绝缘本体严密包裹，防止绝缘受潮和落入杂质。

提示：

电缆绝缘预处理操作要求可参照《110kV及以上交联电缆施工工艺图册》中的110kV交联电缆预处理工艺要求。

（五）电缆外屏蔽断口处理

外屏蔽层断口处理的方法主要有以下3种：

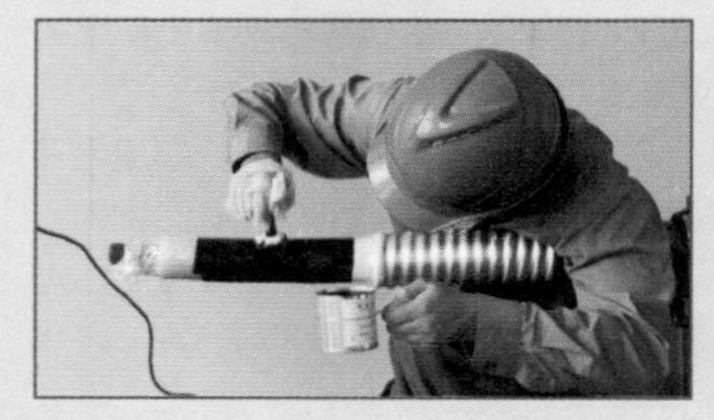

（1）涂、喷半导电材料。

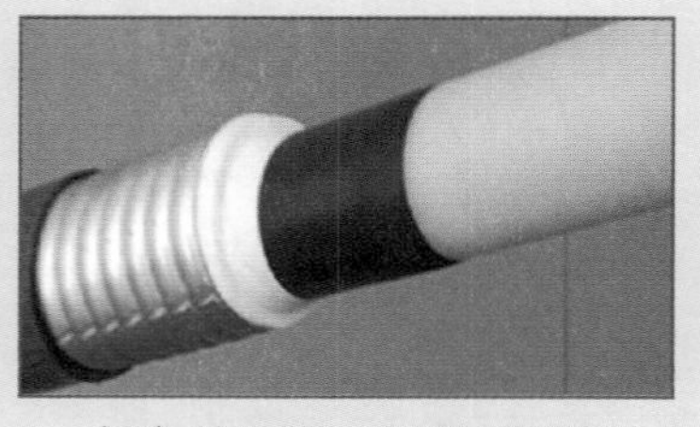

（2）外屏蔽层直接处理到位。

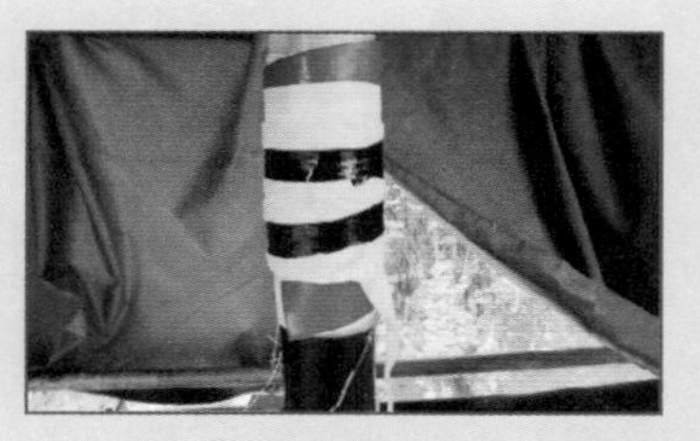

（3）绕包半导电带，经硫化塑模。

这里以涂半导电材料安装为例，操作过程如下：

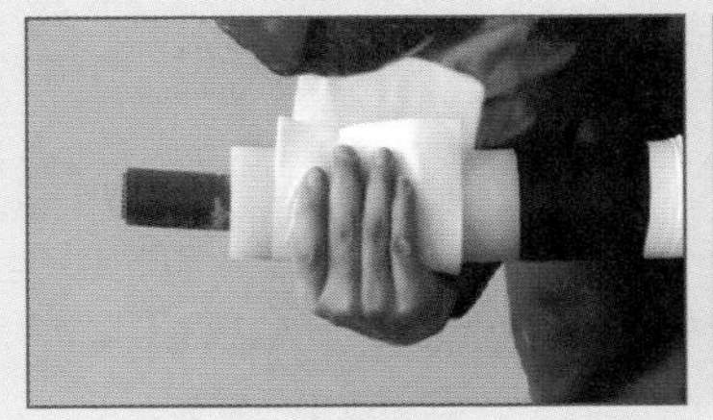

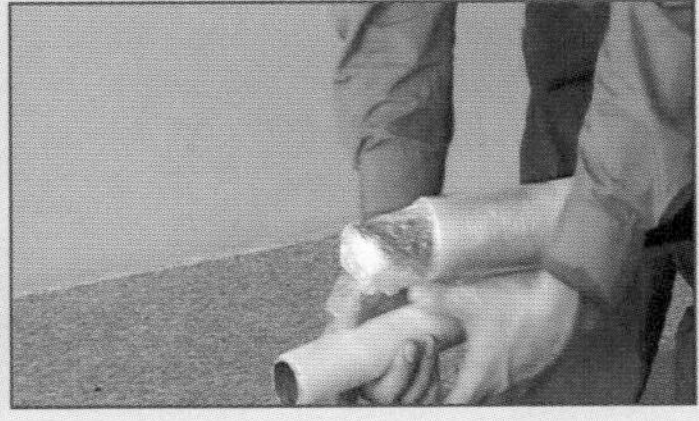

（1）清洁电缆绝缘表面，并用保鲜膜包裹非处理部分绝缘，防止受污。

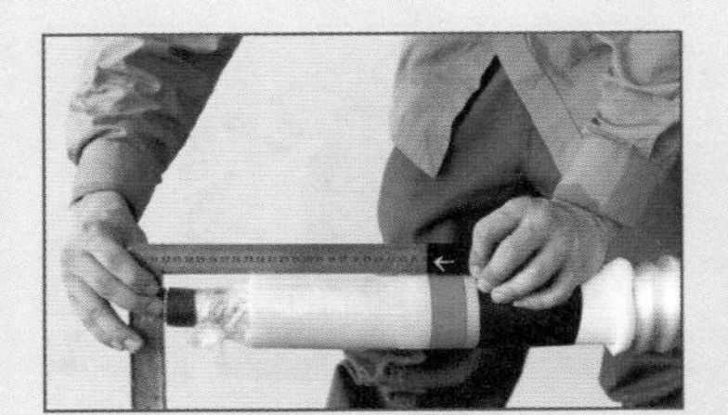

（2）做标记，标记点的最高位至少测量4点，上下左右，这个尺寸应严格按照图纸的要求。

（3）用PVC胶带或特氟龙带沿标记外沿缠绕，胶带的边沿应贴实。

（4）在使用半导电涂料前，用电热风进行均匀加热，保证涂料完全融化无结块。

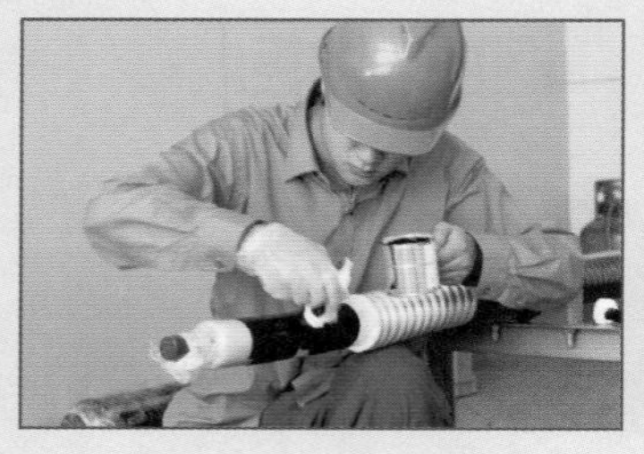

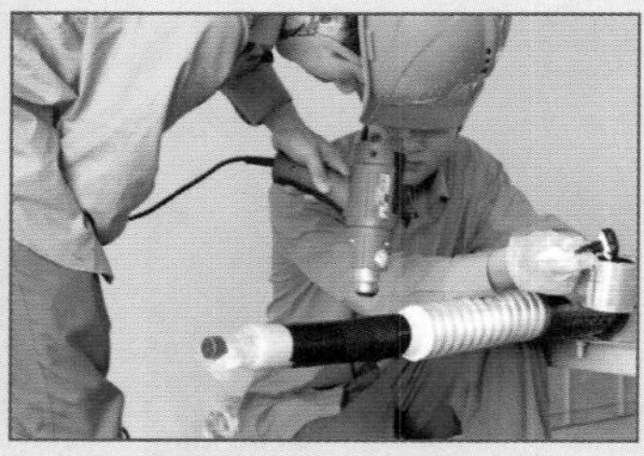

（5）将半导电涂料均匀地涂在电缆上，并用热风枪吹干，这样重复两遍。

两次加热过后将会使涂料与电缆绝缘本体完全连成一体。

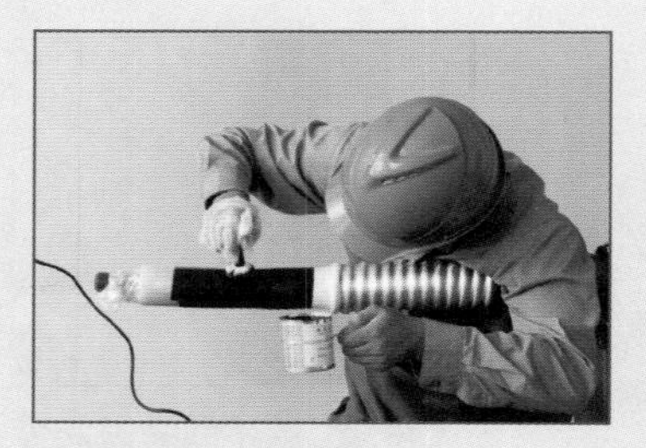

◎ 第一遍：干燥2min

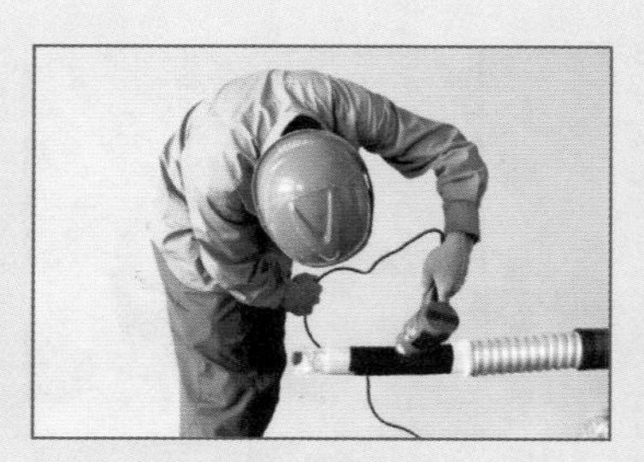

◎ 第二遍：铸模20min

注意事项：

（1）用热风枪干燥时，保持30mm距离。

（2）围绕烘干的速度，一圈为5～10s。

（3）铸模完成后，去除PVC胶带时应小心，反向拉起，防止涂料起皮。

（4）检查半导电涂料附着情况，如有脱落处或不平坦，应重新涂半导电材料并重新铸模。

◎ 检查完成后用保鲜膜密封处理。

电缆导体打磨及刮除电缆石墨层

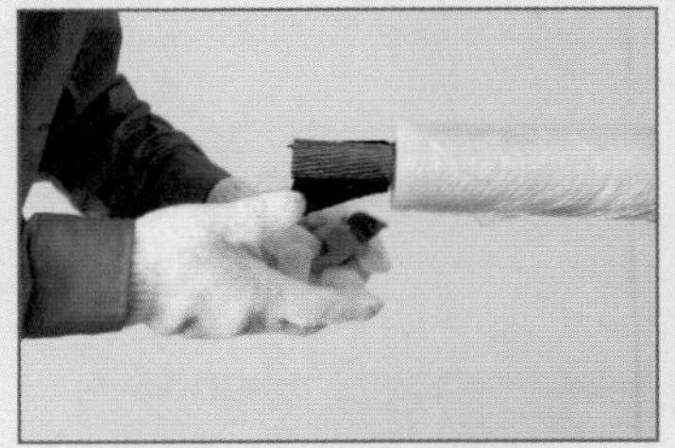

◎ 将电缆导体保留的绝缘层去除，并用砂带打磨导体表面。

提示： 电缆导体剥除后有内屏蔽半导电材料附着在导体表面，对其以后压接部位接触电阻会有一定影响。

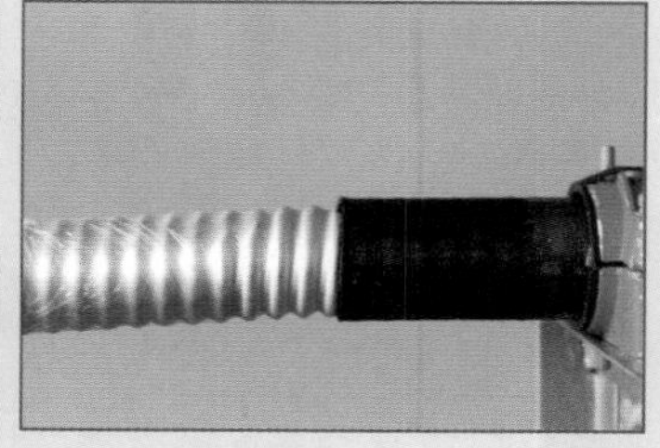

◎ 根据图纸要求的长度刮除电缆外护套表面的石墨层。

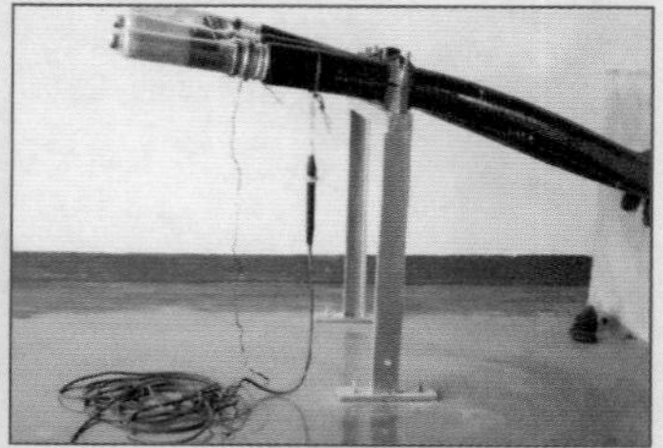

◎ 操作完成后应检查外护套表面有无漏刮，并用绝缘电阻表测试。

（六）橡胶预制件扩径

操作过程如下：

◎ 扩径工作必须在干净、干燥的环境中进行，选择正确的扩径装置。

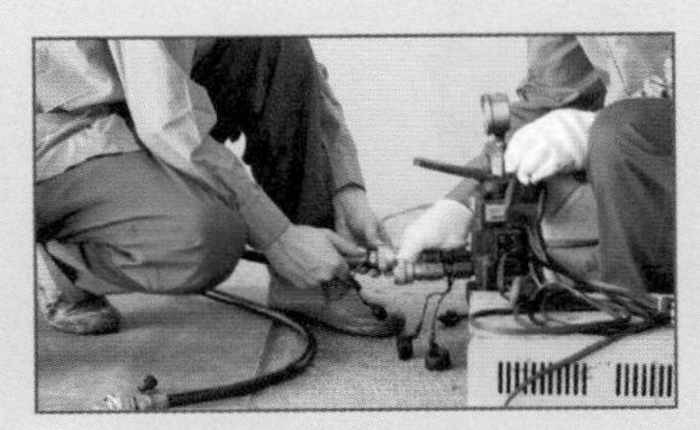

（1）检查扩径装置，液压管按要求进行对接。

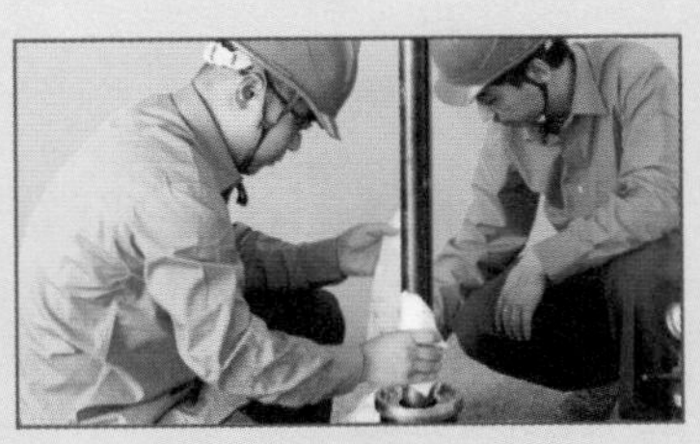

（2）将压杆完全伸出后，对整个装置进行清洁。

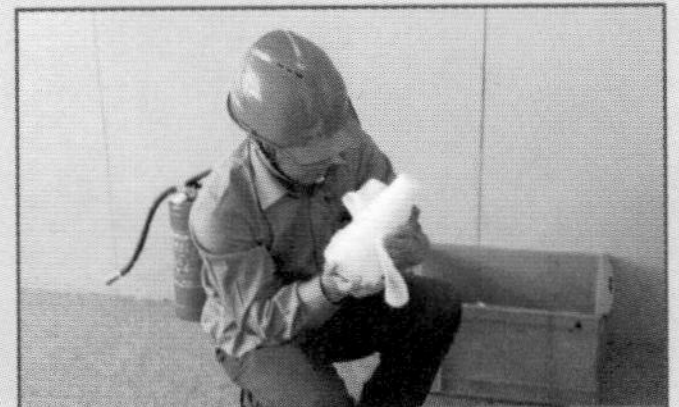

（3）检查扩径片和导引锥并做好清洁，如有毛刺或伤痕都不得使用。

（4）仔细检查橡胶件，确保无杂质、裂纹存在，清洁、干燥后用保鲜膜密封。

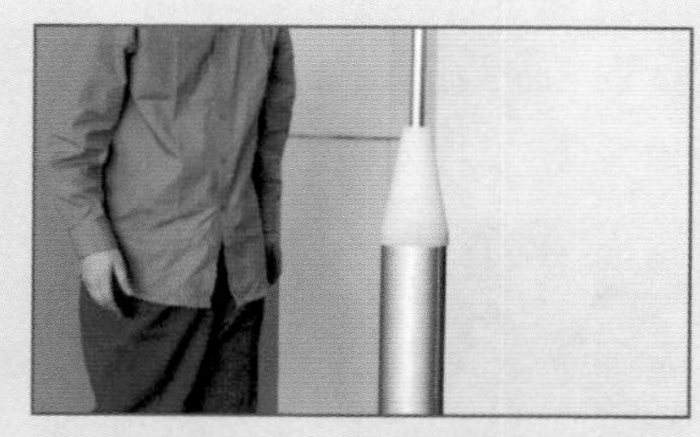

（5）安装扩径片和导引锥，要求扩径片接缝紧密，上下各错开90°。

（6）在橡胶件内部涂上硅油，不要太多。

（7）将橡胶件套入扩径装置并装上压片。

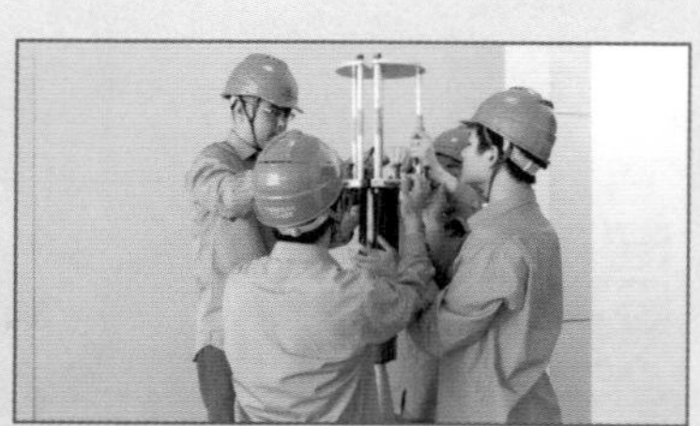

（8）清洁扩径装置部件，并按操作要求检查、安装。

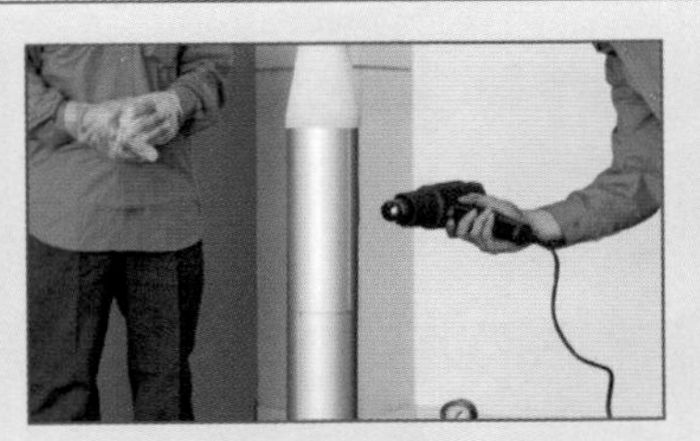

（9）清洁、干燥扩径片和导引锥表面，并检查扩径片接合情况，正常方可进行下一步操作。

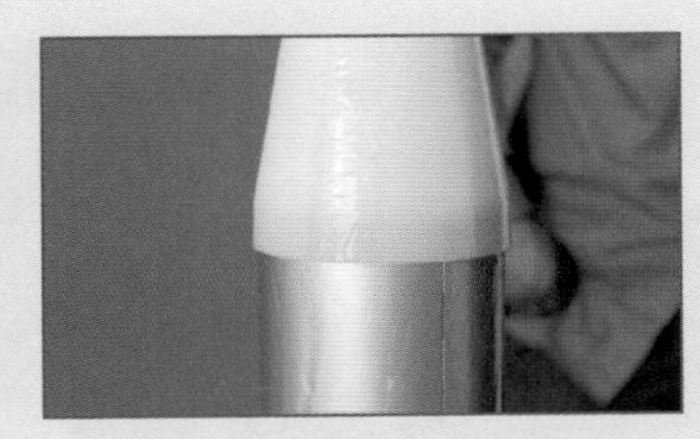

（10）在扩径片和导引锥表面均匀涂上硅油。

（11）在扩径过程中应随时注意扩径片和橡胶件的状态，不得损伤橡胶件。

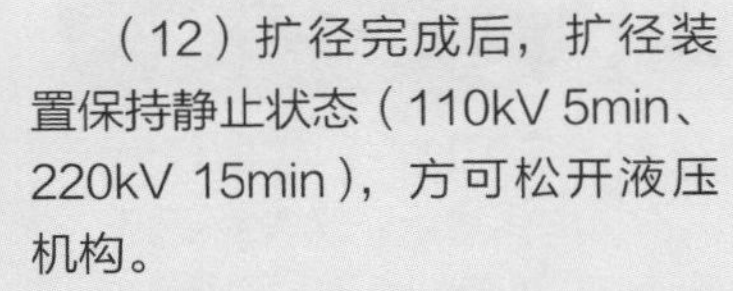

（12）扩径完成后，扩径装置保持静止状态（110kV 5min、220kV 15min），方可松开液压机构。

（13）橡胶件取出后应立即用保鲜膜密封，备用。

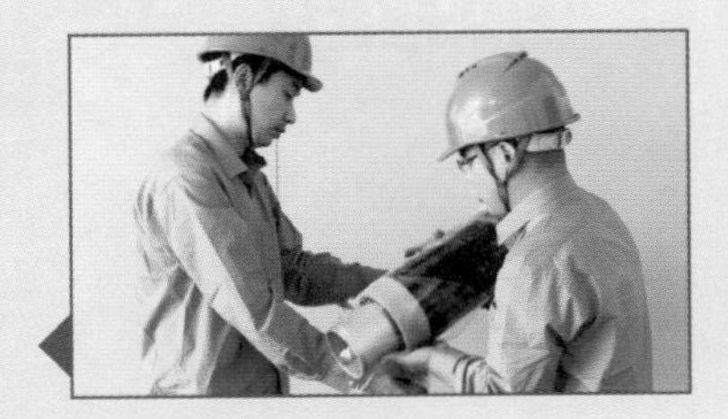

注意事项：

橡胶件扩张状态不得超过4h。

（七）橡胶预制件安装

1. 将中间接头各组件分别套入两侧电缆

◎ 在套入各组件时，应做好绝缘的保护措施，防止绝缘表面受损。

◎ 按各组件的方向，顺序套入，橡胶件套入时应检查其有无伤痕或裂纹，并用保鲜膜密封其两端。

2. 连接管压接

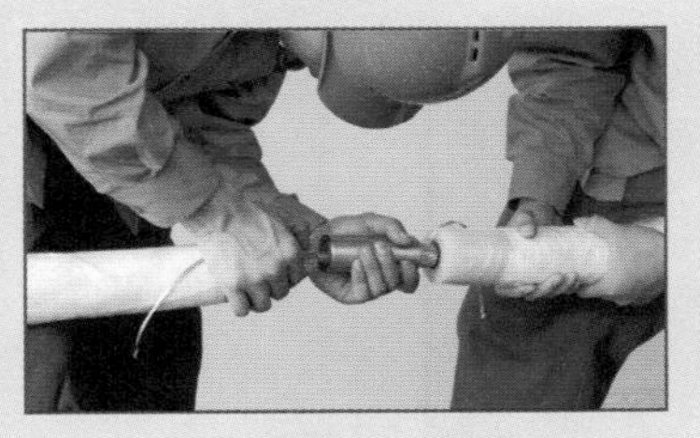

◎ 压接前，检查压接管是否与压模匹配，各零部件的数量、方向和顺序与安装要求相符。

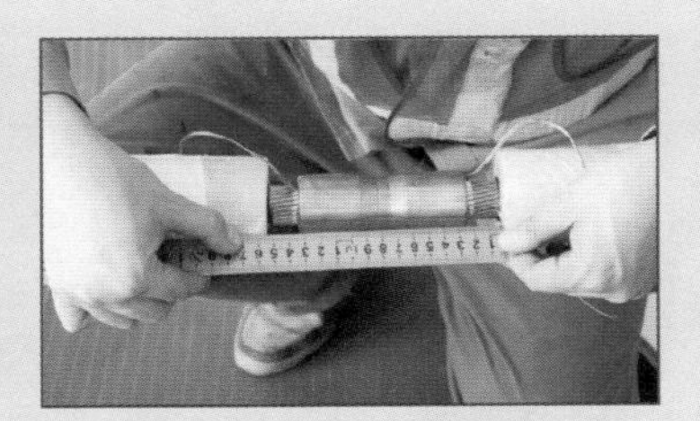

◎ 测量压接前压接部位的长度，应与图纸相符。

◎ 压接时，应将电缆调平直，压机与压接管垂直并垫实，压模应合模。

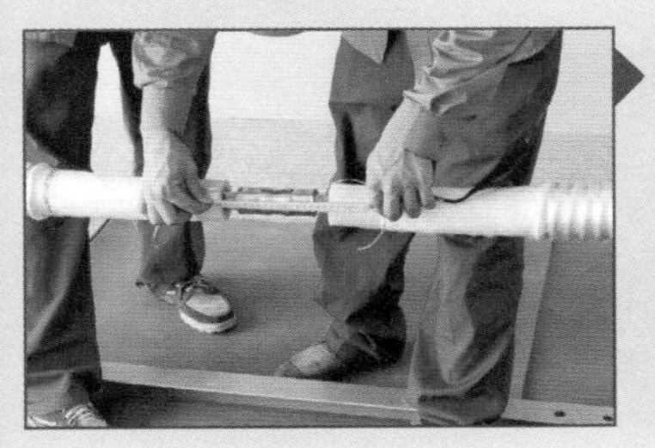

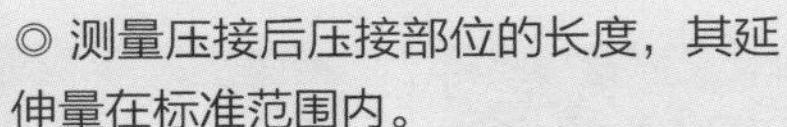

◎ 测量压接后压接部位的长度，其延伸量在标准范围内。

提示： 通过测量延伸量用来判断压接是否到位。

注意事项： 压接完成后，连接管表面光滑无毛刺、裂缝，电缆之间仍保持足够的笔直度。

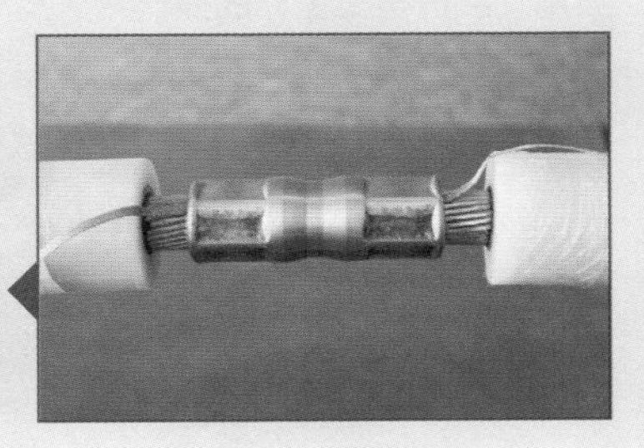

3. 压接部位处理

处理方法主要有以下两种：

◎ 用半导电带缠绕压接部位至一定外径尺寸。

◎ 安装屏蔽罩。

采用安装屏蔽罩工艺的操作要求及质量控制要点如下：

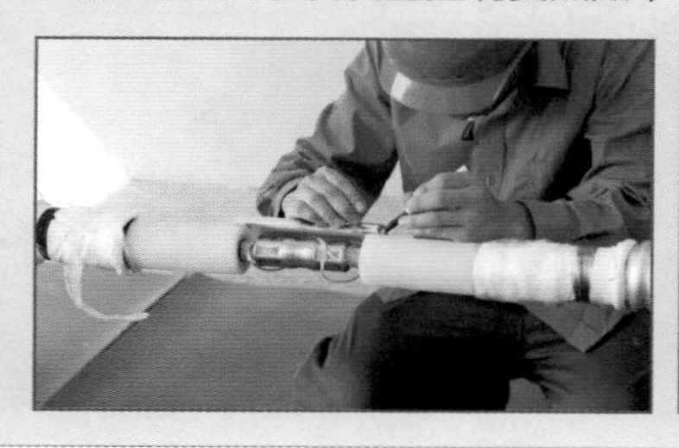

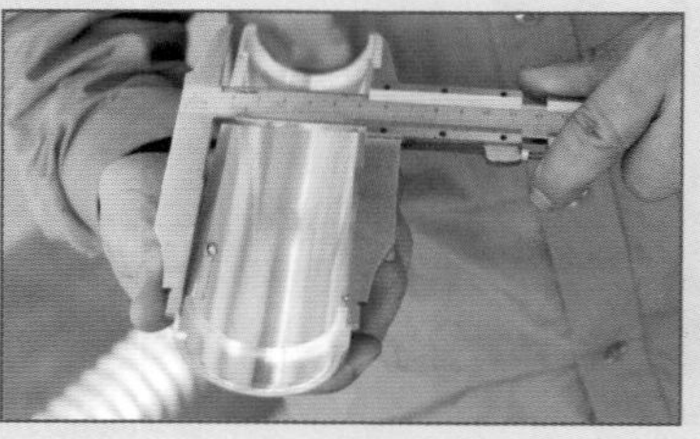

◎ 根据屏蔽罩的长度和凹槽尺寸确定绝缘表面开槽长度和槽深。

◎ 开槽时应用PVC带保护绝缘表面，防止绝缘表面受损。

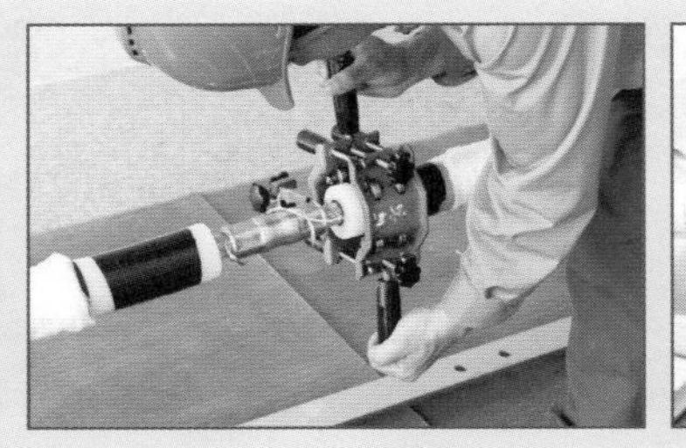

◎ 开槽完成后，用砂带打磨开槽处，用屏蔽罩进行初安装，能密合即可。

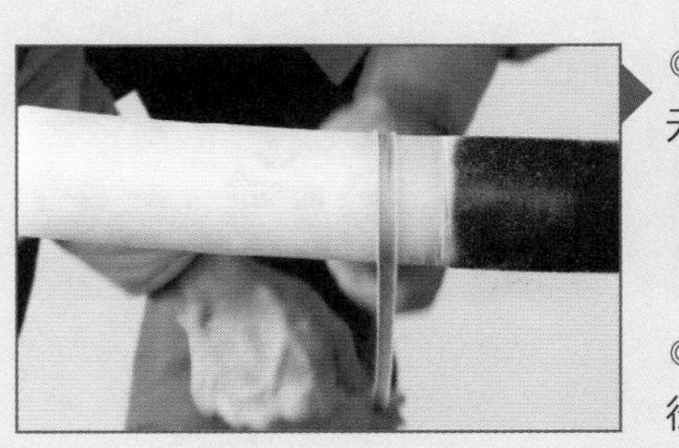

◎ 去除PVC带后检查绝缘表面有无受损，并进行表面打磨处理。

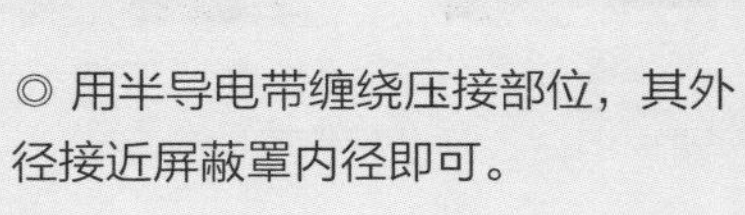

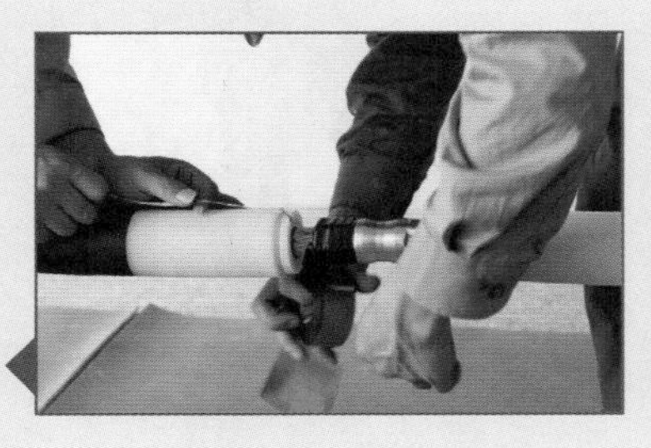

◎ 用半导电带缠绕压接部位，其外径接近屏蔽罩内径即可。

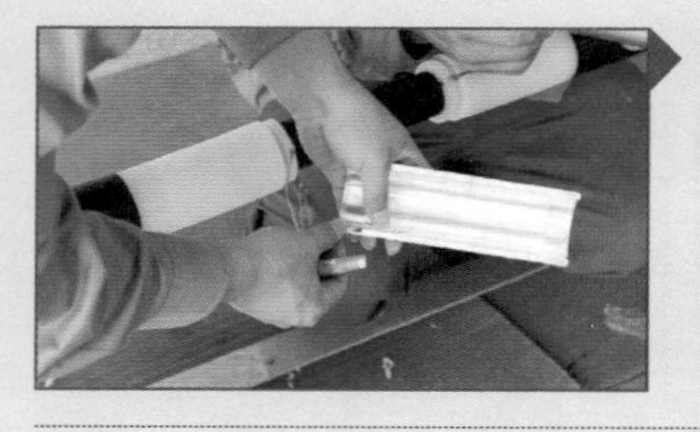

◎ 检查屏蔽罩表面，无划伤、尖刺。

◎ 连接屏蔽罩铜线，屏蔽罩密合并用PVC带固定。

4. 橡胶件安装、定位

◎ 检查绝缘表面和屏蔽罩安装情况，无异常方可进行下一步安装工作。

◎ 测量外屏蔽断口长度，与安装要求相符，并做好记录。

◎ 在外屏蔽上做好橡胶件定位标记。

◎ 清洁绝缘表面及屏蔽罩，并用热风枪干燥。

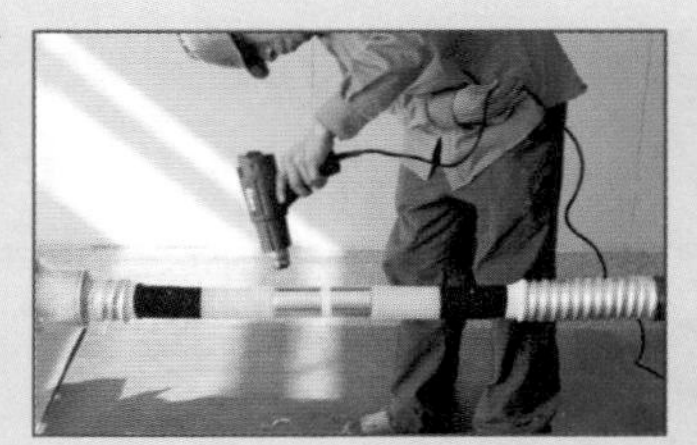

◎ 涂硅油。顺序为：先绝缘部位再屏蔽罩。

注意事项：

硅油整体涂抹均匀，外屏蔽部位不得涂抹。

5. 橡胶件收缩

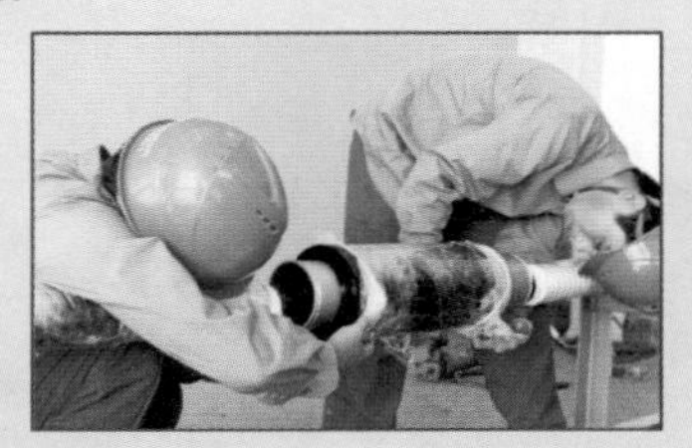

◎ 绝缘表面涂抹硅油后，立即将橡胶件移到安装位置，并检查再次检查橡胶件内壁及绝缘表面有无杂物。

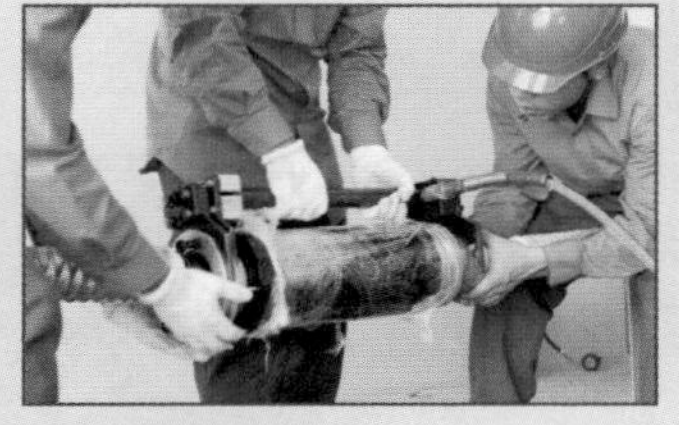

◎ 用专用拔出工具将扩径片拔出。

注意事项：

（1）拔出时，橡胶件应由两人抬平并抓住两侧扩径片。

（2）拔出过程中防止扩径片顶住铝护套，引起橡胶件移位。

（3）防止手指被挤伤。

◎ 扩径片拔出后，立即调整橡胶件的中心位置。

◎ 橡胶件两端标记尺寸一致即可。

注意事项：

转动橡胶件时，左右幅度不可太大，防止屏蔽罩连接铜线断掉。

◎ 目前冷缩型中间接头也有采用橡胶件厂内预扩张好，现场安装时只需抽掉支撑的尼龙条即可完成橡胶件收缩定位。

注意事项：

此类预制式中间接头安装时应特别注意其预制件的保质期，过期者严禁使用。

6. 恢复橡胶件外部屏蔽

橡胶件安装定位后，静止20min，待其充分回缩。

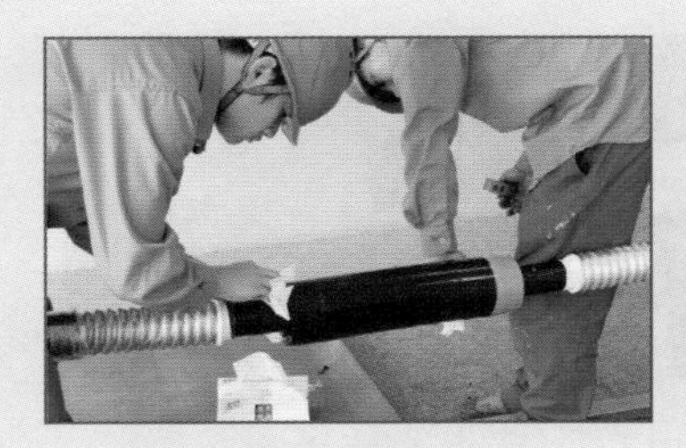

◎ 清洁表面硅油。

◎ 用防水胶条将铝护套断口密封。

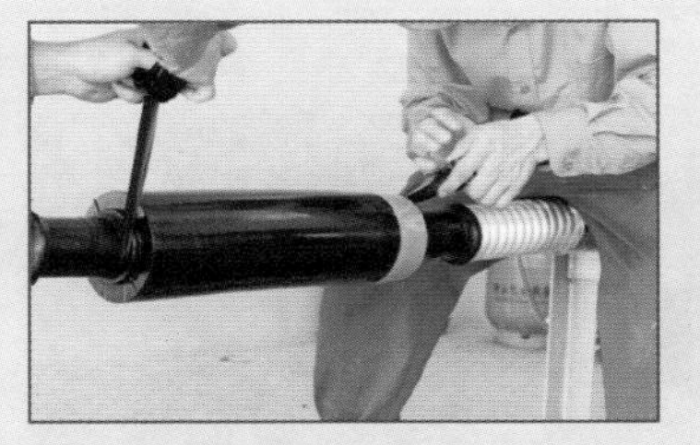

◎ 用半导电带将橡胶件两端缠绕成坡形，并在橡胶件表面导通部分缠绕两层半导电带。

◎ 橡胶件的绝缘部位用绝缘带缠绕。

要求：

半导电带半搭缠绕，橡胶件表面不可漏包。

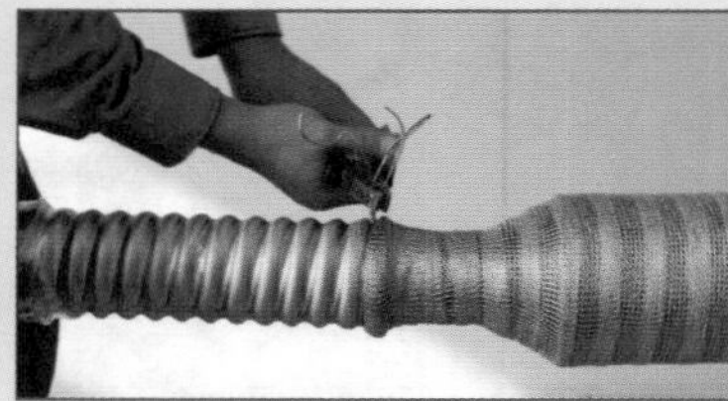

◎ 绕包铜布，铜布在铝护套上打结后用铜扎丝固定。

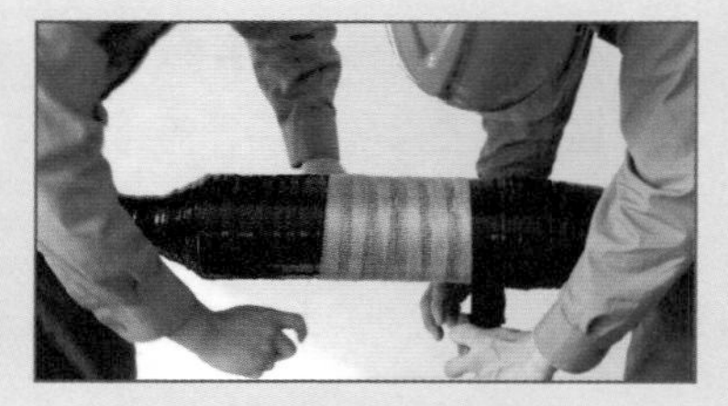

◎ 用PVC胶带在接头部位缠绕两层加以保护。

7. 中间接头密封处理

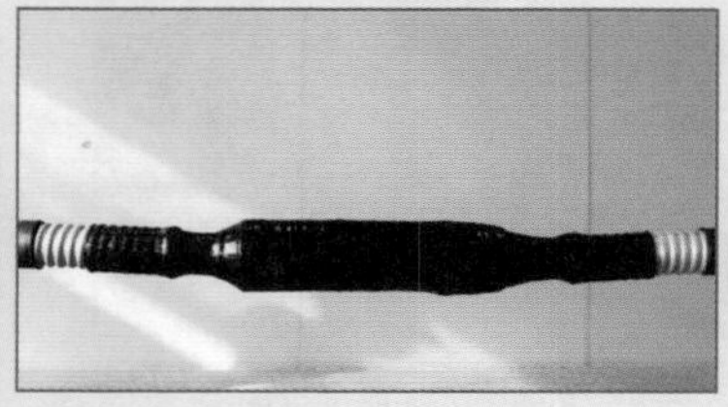

◎ 将热缩管收缩在接头部位。

◎ 在其两端用防水胶条加以密封。

注意事项： 收缩时应控制喷枪火焰温度，防止热缩管表面烧焦，管口收缩紧密。

（八）铜壳安装

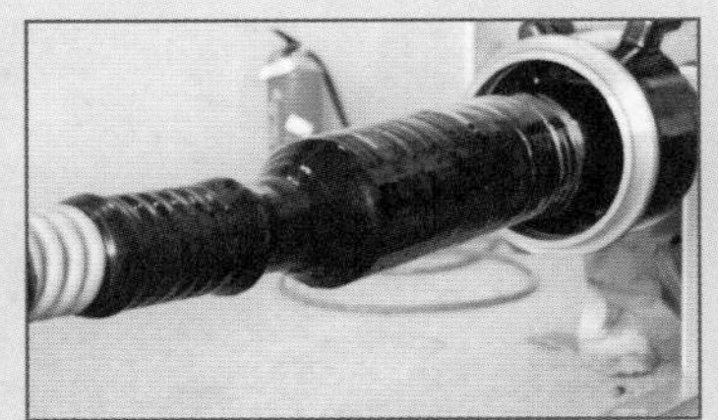

◎ 铜壳的羊角侧应位于橡胶件的绝缘环侧，安装时可在O形圈上抹上少许硅油，便于对接。

◎ 铜壳两侧与铝护套接地连接。

连接的方法可采用铜编织线焊接和搪铅两种，这里采用铜编织线焊接方法进行安装。

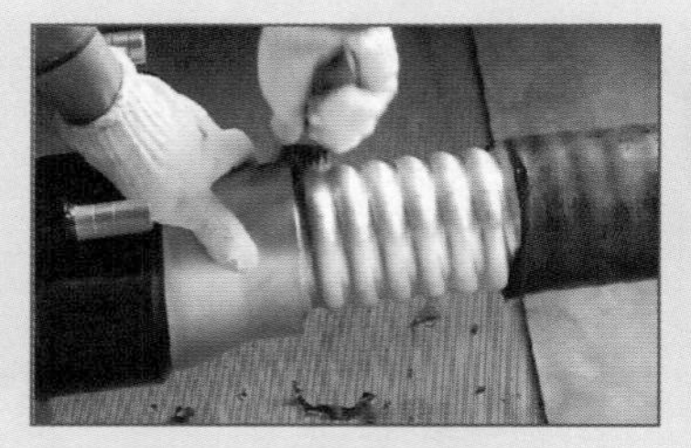

◎ 用钢丝刷打磨铝护套表面。

◎ 铜壳表面打底铅。

◎ 绑扎铜编织线。

◎ 堆铅。

◎ 揉铅。

◎ 用硬脂酸冷却。

◎ 安装铅垫。

◎ 在铝护套上绑扎铜编织线。

◎ 堆铅。

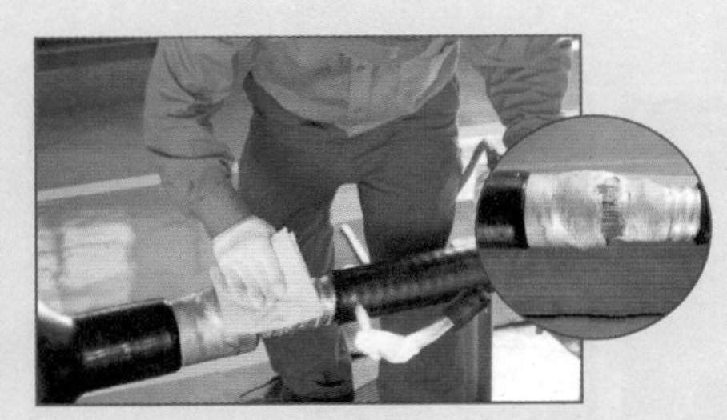

◎ 揉铅。

提示：

操作要求可参照《110kV及以上交联电缆施工工艺图册》中的110kV及以上交联电缆接地焊接工艺。

注意事项：

铜编织线的截面满足系统通过最大短路电流时的要求。

用环氧树脂和玻璃丝带加固、密封，并收上热缩管加以保护。

◎ 先用防水胶条将缝隙填平。

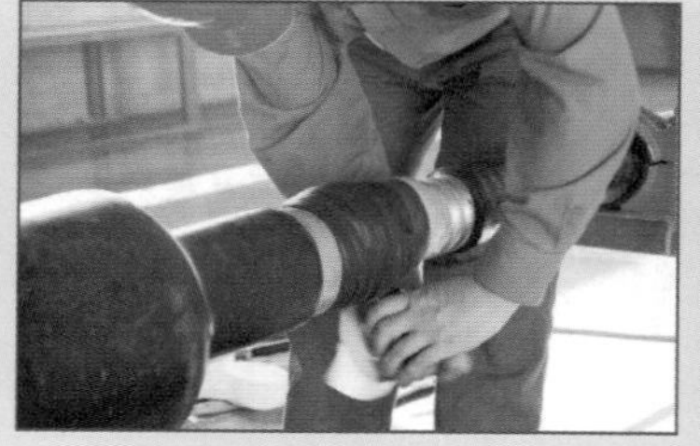

◎ 再用防水绝缘胶带将铜壳两端绕包密封。

◎ 用环氧树脂和玻璃丝带加固密封。

◎ 用热缩管密封。

◎ 相色标记。

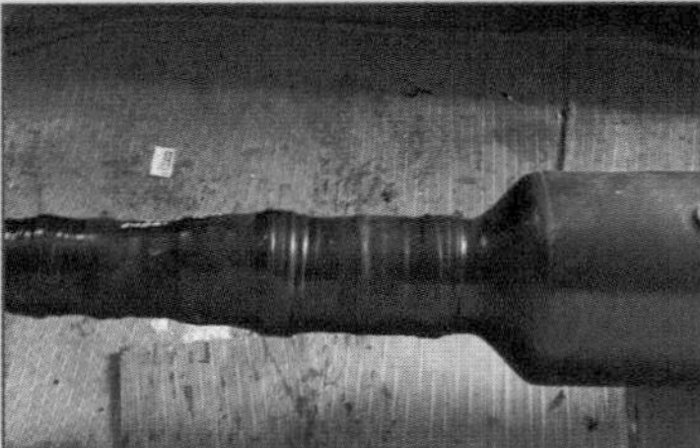

◎ 用热缩管管口防水带加固密封。

◎ 铜壳内灌充电缆胶，灌胶前，AB胶应按比例调和，并充分搅拌。

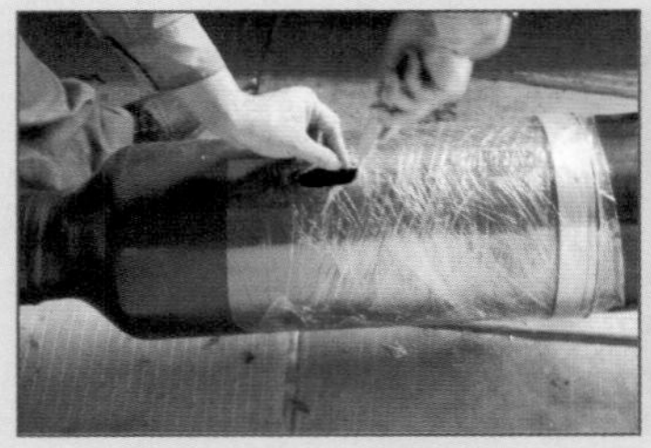

◎ 灌胶时，应对铜壳加以保护，防止灌胶时弄脏铜壳表面。

◎ 灌胶完成后，擦拭铜壳连接部位，用绝缘胶带将铜壳连接部位及灌胶口封闭起来，并缩上热缩管。

注意事项：

在整个安装过程中，采用热缩管密封时，管子收缩应贴实，两端管口应收紧，并用防水胶条和绝缘胶带双重密封。

提示：

不同厂家的中间接头安装工艺有所不同，安装时应严格按照图纸要求进行。

（九）扫尾工作

◎ 接地线引出。

◎ 电缆中间接头固定。

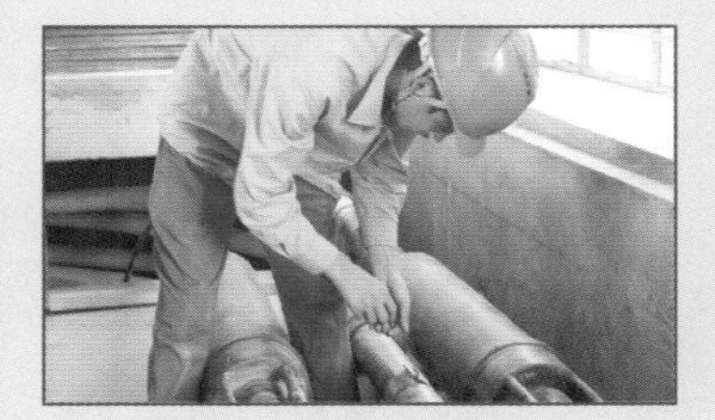

◎ 装设标示。

◎ 根据防火要求进行防火处理，工器具整理并打扫现场。